高职高专特色课程项目化教材

工厂供配电技术

主编 李瑞福

东北大学出版社
·沈 阳·

© 李瑞福 2020

图书在版编目（CIP）数据

工厂供配电技术／李瑞福主编. — 沈阳：东北大
学出版社，2020.9
ISBN 978-7-5517-2510-1

Ⅰ．①工… Ⅱ．①李… Ⅲ．①工厂—供电系统—高等
职业教育—教材 ②工厂—配电系统—高等职业教育—教材
Ⅳ．①TM727.3

中国版本图书馆 CIP 数据核字（2020）第 172236 号

内容简介

本书内容共分三部分七个项目，具体包括电力系统概述、工厂供配电系统、负荷计算与短路计算、工厂供配电设备及其选择、工厂供配电系统的保护、安全用电及工厂供配电系统电气设计实例，并列出了六个实训项目，以加强学生动手能力的培养。

本书结构合理、通俗易懂，既可作为高职高专院校电气类专业的教材，也可作为电气工程技术人员的参考书。

出 版 者：东北大学出版社
　　　　　地址：沈阳市和平区文化路三号巷 11 号
　　　　　邮编：110819
　　　　　电话：024-83687331(市场部)　83680267(社务部)
　　　　　传真：024-83680180(市场部)　83680265(社务部)
　　　　　网址：http://www.neupress.com
　　　　　E-mail：neuph@neupress.com
印 刷 者：辽宁一诺广告印务有限公司
发 行 者：东北大学出版社
幅面尺寸：185 mm×260 mm
印　　张：14.75
字　　数：302 千字
出版时间：2020 年 9 月第 1 版
印刷时间：2020 年 9 月第 1 次印刷
策划编辑：牛连功
责任编辑：杨世剑
责任校对：周　朦
封面设计：潘正一

ISBN 978-7-5517-2510-1　　　　　　　　　　　定 价：36.00 元

前　言

　　本书按照高等职业教育培养高素质技能型专门人才的目标要求，以"淡化理论、加强应用、联系实际、突出特色"为原则，以工作过程为导向，以技能培养、技术应用为主线，以学生就业所需的专业知识和操作技能为着眼点，循序渐进、目标明确地重组各知识点，使相关知识与技能训练有机地融为一体。

　　本书的理论部分以"够用为度"，概念清楚，简单明了；实践部分以"实用为主"，重点突出，层次清晰。本书采用"基于生产过程"的教学模式，最大限度地为学生营造"工学结合""产学结合"的学习与实践环境，使学生能够学以致用、举一反三。

　　本书内容共分三部分七个项目。项目一介绍了电力系统的基础知识，包括电力系统的组成、电力系统中性点的运行方式、低压配电系统的接地型式、电力系统的额定电压及衡量电能质量的指标。项目二介绍了工厂供配电系统的基础知识，包括工厂供配电系统电压的选择、工厂供配电系统的供电方式、工厂变(配)电所的电气主接线及高低压配电线路的接线方式。项目三介绍了电力负荷的计算，包括负荷计算与短路计算。项目四介绍了常用工厂供配电设备及其选择，包括熔断器及其选择、高压开关设备及其选择、互感器及其选择、导线及其选择、低压开关设备及其选择、电力变压器及其选择及成套配电装置及其选择。项目五介绍了工厂供配电系统的相关保护，重点介绍了高压线路的继电保护、电力变压器的继电保护、防雷保护、接地保护。项目六介绍了安全用电的基本知识、安全用电措施，并把电气设备的倒闸操作作为重要的安全知识予以讲解。项目七为工厂供配电系统电气设计实例，为学生从事设计工作奠定必要的理论基础。为提高学生的动手能力，使所学的理论知识与实际应用充分结合，本书列出了六个实训项目。

本书由辽宁石化职业技术学院教师李瑞福担任主编，辽宁石化职业技术学院教师张皓、王秀丽担任副主编。其中理论部分由李瑞福编写，实训部分由张皓编写，项目一中任务一由中国石油锦州石化分公司陆德伟编写。本书由李瑞福统稿。

本书在编写过程中，参考了部分兄弟院校的教材和一些厂家的相关资料，在此一并表示衷心的感谢。由于编者水平有限，加之时间仓促，本书中难免有疏漏和不妥之处，敬请读者批评指正。

编　者

2020 年 7 月

目 录

▌第三部分▐

提高篇

第一部分

基础篇

项目一 电力系统概述

【项目描述】

工厂供配电指工厂所需电能的供应和分配。工厂所需的电能绝大部分是由公共电力系统提供的。因此，在介绍工厂供配电系统之前，有必要了解电力系统的基本知识。

任务一 电力系统的组成

【必备知识】

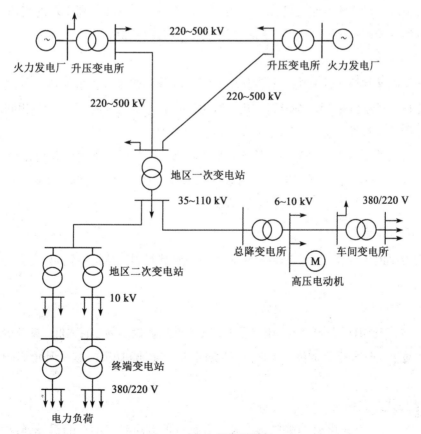

图 1-1 电力系统示意图

由发电厂、电力线路、变(配)电所和电能用户组成的一个发电、输配电、变配电和用电的整体,称为电力系统。其中各种电压等级的电力线路及其关联的变(配)电所,称为电力网(简称电网)。图1-1为电力系统示意图。

【技术手册】

一、发电厂

发电厂是将各种天然的一次能源转换成电能的特殊工厂。根据一次能源种类不同,可将其分为火力发电厂、水力发电厂、核能发电厂、风力发电厂、地热发电厂、潮汐发电厂和太阳能发电厂等。

目前使用的电能绝大部分由火力发电厂、水力发电厂和核能发电厂提供。下面简单介绍这三种发电厂的生产过程。

(一)火力发电厂

火力发电厂以煤炭、石油、天然气等作为原料,将其化学能转换为热能,借助汽轮机等热力机械将热能转换为机械能,带动发电机将机械能转换为电能。

(二)水力发电厂

水力发电厂是将水的重力势能转换为电能的工厂,其原理是利用水的流速和压力冲击水轮机的叶轮,推动水轮机转子转动,带动发电机旋转发电。

(三)核能发电厂

核能发电又称原子能发电,主要利用核裂变释放的热能,将水加热为蒸汽,用蒸汽带动汽轮机,汽轮机再带动发电机发电。其生产过程与火力发电厂有许多相同之处,只是用反应堆和蒸汽发生器代替了火力发电厂中的锅炉。

核能发电的成本与以煤为燃料的火电厂差不多,但其最大的优点是可以节约大量的煤炭、石油等不可再生燃料。以一座容量为 5×10^5 kW 的发电厂为例,火电厂每年要烧掉 15×10^5 t 煤炭,而核电厂只需 600 kg 的铀就够了。

二、电力线路

电力线路的主要作用是输送和分配电能。按照其材料、结构不同可分为架空线路和电缆线路。

(一)架空线路

架空线路利用杆塔将导线悬挂在空中,其特点是敷设容易、成本低、投资少、维护检修方便、易于发现和排除故障,但它占用地面、有碍交通和观瞻、易受环境影响、安全可靠性差。

1. 架空线路的结构

(1)导线。导线是电流的载体,要求具有良好的导电性、足够的机械强度和耐腐蚀性，并尽可能做到质轻价廉。常用的导线材质有铜、铝和钢三种。

①铜导线。铜的导电性好、机械强度高、耐腐蚀，但价格高，如无特殊要求，一般不采用。

②铝导线。铝的导电性、机械强度、耐腐蚀性较铜差，但质轻价廉，故铝绞线（LJ）在10 kV 及以下架空线路中应用较多。

③钢导线。钢的机械强度最高、价格最低，但导电性、耐腐蚀性最差，一般只用作避雷线，而且必须镀锌。

④钢芯铝绞线。它利用机械强度高的钢线和导电性较好、价格较低的铝线组合而成。钢线作为线芯，铝线绞在钢线的外面，构成了导电性能好、机械强度高、价格低廉的钢芯铝绞线（LGJ），被广泛地应用于 35 kV 及以上高压架空线路中。

（2）电杆。电杆是支持导线的支柱，应具有足够的机械强度，并具有耐腐蚀、廉价、便于搬运和架设等特点。

按照所用材料不同，电杆可分为水泥杆和铁塔。水泥杆搬运和架设不便，但机械强度较高，且不易腐蚀、价格低廉，广泛用于低压配电线路中；铁塔机械强度高，但易腐蚀、造价高，一般用于高压输电线路中。

（3）横担。横担安装在电杆的上部，用来安装绝缘子以架设导线。

（4）绝缘子。绝缘子又称瓷瓶，用来固定导线，并使导线之间或导线与大地之间绝缘，因此要求绝缘子必须具有足够的绝缘强度和机械强度。

（5）拉线。拉线用于平衡电杆受力、防止电杆倾倒，其结构如图 1-2 所示。

（6）线路金具。线路金具是指用来连接导线、拉线，安装横担和绝缘子的金属部件。

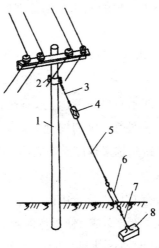

图 1-2 拉线的结构

1—电杆；2—拉线抱箍；3—上把；4—拉线绝缘子；5—腰把；6—花篮螺钉；7—底把；8—拉线底盘

2. 架空线路的敷设

架空线路的敷设一般可分为准备工作、施工安装、启动验收三个阶段。

（1）准备工作。

①现场调查。主要包括沿线自然条件的调查、沿线交叉跨越及障碍物的调查、运输道路及桥梁情况的调查等，以使线路的路径短、转角小、交通运输方便，并与建筑物保持一定的安全距离。

②复测分坑。根据设计提供的杆塔明细表、线路平断面图对原设计进行复测。在此基础上，按基础施工图进行分坑测量，在地面上标出挖坑范围，并严格核对基础根开尺寸。

③备料加工。准备好施工所需的全部材料。

（2）施工安装。

①基础施工及接地埋设。按复测分坑放样的位置进行基坑开挖和基础施工。接地装置一般随基础工程同时埋设，或基础工程结束后随即埋设接地装置。

②杆塔起立及接地安装。杆塔起立一般包含整立和组立两种方式。整立是指将整个杆塔整体立起，组立是指将大型杆塔分解组装立起。杆塔起立后就可将接地装置引出线与杆塔相连接。

③架线及附件安装。架线包括导线的展放、紧线、附件安装等。放线可分为拖地放线（无张力放线）和张力放线。前者操作简单，但导线磨损严重，330 kV 及以上线路要求采用张力放线方式施工。放线完成后，即可进行紧线、附件安装等作业。

（3）启动验收。

①质量总检。施工单位在完工后进行的全面质量检查。

②启动试验。在将质量总检中发现的问题全部处理后，进行绝缘测量、线路常数测试，并送电运行72 h。

③投产送电。线路经72 h 试运行良好后就可以投入运行。

（二）电缆线路

电缆线路与架空线路相比，虽然有敷设麻烦、成本高、投资多、维护检修困难、难于发现和排除故障等缺点，但它不占地面、无碍交通和观瞻、不受环境影响、安全可靠性高，因此在现代城市和企业中，得到越来越广泛的应用。

1. 电力电缆的结构

电力电缆由线芯、绝缘层和保护层三部分组成。

（1）线芯。由多股铜线或铝线绞合而成，便于弯曲。

（2）绝缘层。用于线芯之间和线芯与大地之间的绝缘。

（3）保护层。分为内护层和外护层：内护层用来保护绝缘层使其密封，常用的材料有铅、铝和塑料等；外护层用来保护内护层免受机械损伤，通常为钢丝或钢带构成的钢铠，其外覆沥青、麻被或塑料护套。

2. 电力电缆的种类

电力电缆的品种和规格有上千种，分类方法多种多样。通常按绝缘材料的不同，可分为油浸纸绝缘电缆、塑料绝缘电缆、交联聚乙烯绝缘电缆和橡胶绝缘电缆。

3. 电力电缆的型号

电力电缆的型号含义如下：

$$①②③④-⑤-⑥×⑦$$

①绝缘层：Z——纸绝缘，V——聚氯乙烯绝缘，Y——聚乙烯绝缘，X——橡胶绝缘，YJ——交联聚乙烯绝缘。

②导体：L——铝，T——铜(不标注)。

③内护套：Q——铅护套，L——铝护套，V——聚氯乙烯护套，Y——聚乙烯护套，LW——波纹铝护套。

④外护套：02——聚氯乙烯护套，03——聚乙烯护套，20——裸钢带铠装，21——钢带铠装纤维外被，22——钢带铠装聚氯乙烯护套，23——钢带铠装聚乙烯护套，30——裸细钢丝铠装，31——细圆钢丝铠装纤维外被，32——细圆钢丝铠装聚氯乙烯护套，33——细圆钢丝铠装聚乙烯护套，40——裸粗圆钢丝铠装，41——粗圆钢丝铠装纤维外被，42——粗圆钢丝铠装聚氯乙烯护套，43——粗圆钢丝铠装聚乙烯护套，441——双粗圆钢丝铠装纤维外被。

⑤额定电压(V)。

⑥线芯数(根)。

⑦线芯标称截面积(mm^2)。

例如："ZLQ20-10000-3×120"表示纸绝缘铝芯电缆，内护层用铅包，外护层裸钢带铠装，额定电压 10 kV，共 3 根线芯，每芯标称截面积为 120 mm^2。

4. 电力电缆的敷设

电力电缆常用的敷设方式有以下几种。

(1)直接埋地敷设。该方式是在沟底部填入 100 mm 厚的中性沙土后施放电缆，然后再填入 100 mm 厚的中性沙土覆盖电缆，盖上保护板，最后回填沙土，并竖立标志牌。要求电缆的埋置净深(电缆上表皮与地面的距离)不小于 0.7 m，如图 1-3 所示。

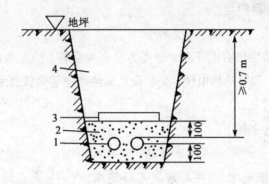

图 1-3 直接埋地敷设

1—电力电缆；2—中性沙土；3—保护盖板；4—回填土

这种敷设方式施工简单、散热效果好、投资少，但检修不便、电缆易受机械损伤和化学腐蚀，多用于根数不多(少于 6 根)、敷设路径较长的场合。

(2)电缆沟敷设。电缆沟由砖和混凝土建成，内侧有电缆支架，上有钢筋混凝土盖板，电缆敷设在电缆支架上，如图 1-4 所示。

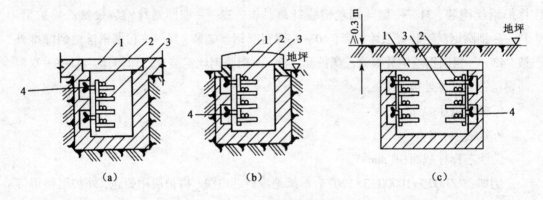

图 1-4 电缆沟敷设

1—盖板；2—电缆；3—支架；4—预埋件

这种敷设方式施工复杂、散热效果差、投资高，但检修方便、电缆不易受机械损伤和化学腐蚀，广泛应用于配电系统中。

(3)电缆桥架敷设。该方式是将电缆敷设在架空的电缆桥架内。电缆桥架的结构如图 1-5 所示。

这种敷设方式适用于各种类型的工作环境，使工厂配电线路的建造成本大大降低。

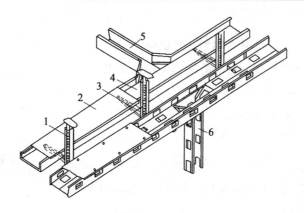

图1-5 电缆桥架

1—支架；2—盖板；3—支臂；4—线槽；5—水平分支线槽；6—垂直分支线槽

三、变(配)电所

(一)变电所

变电所是接受电能(受电)、变换电压(变电)和分配电能(配电)的场所。按变电所的任务不同，可分为升压变电所和降压变电所两大类。

(二)配电所

配电所只用来受电和配电，不承担变电任务。

四、电能用户(电力负荷)

电能用户又称电力负荷，所有消耗电能的用电设备均称电能用户。

(一)电力负荷的分级

根据重要程度、对供电可靠性的要求及中断供电在政治和经济上所造成损失或影响的程度，可将电力负荷分为以下三级。

1. 一级负荷

一级负荷指中断供电将造成人身伤亡，或在政治上产生重大影响、在经济上带来重大损失的负荷。

一级负荷要求有两个相互独立的电源供电，即这两个电源之间无直接联系，一个电源故障不会影响另一个电源。对特别重要的负荷(如保安负荷)还必须备有应急电源，如蓄电池、能快速启动的柴油发电机、不间断电源装置(UPS)等。

2. 二级负荷

二级负荷指中断供电将在政治上产生较大影响或在经济上带来较大损失的负荷，它在企业中所占的比重最大，通常化工厂连续性生产的大部分负荷多为二级负荷。

二级负荷要求双电源供电(当负荷较小或地区偏远供电困难时，也可由一路专线供电)，并尽量做到不中断供电，特殊情况时允许短时停电几分钟。

3. 三级负荷

所有不属于一、二级负荷者均为三级负荷。

三级负荷属不重要负荷，对供电电源无特殊要求。

(二)电力负荷的工作制

电力负荷按其工作制不同可划分为以下三类。

1. 长期工作制负荷

这类负荷的特点是：连续工作的时间长(至少 30 min 以上)，负荷能达到稳定的温度，如通风机、各类泵、空气压缩机、电阻炉、照明设备等。

2. 短时工作制负荷

这类负荷的特点是：工作时间短、停歇时间长，负荷尚未达到稳定温度即停歇冷却，在停歇时间内足以将温度降至环境温度，如机床上的某些辅助电机、水闸用电动机等。

3. 断续周期工作制负荷

这类负荷的特点是：工作时间短、停歇时间也短，以断续方式反复交替进行工作，工作时温度不能达到稳定温度、停歇时温度也不能降至环境温度，如电焊机和吊车电动机等。

断续周期工作制设备工作的繁重程度，通常用暂载率(又称负荷持续率)来描述：

$$\varepsilon = \frac{t}{T} \times 100\% = \frac{t}{t+t_0} \times 100\% \tag{1-1}$$

式中，ε——断续周期工作制设备的暂载率；

   t——工作时间；

   t_0——停歇时间；

   T——工作周期，不应超过 10 min。

【实施与考核】

实施过程：接受任务→学习本任务相关知识→回答考核问题。

考核问题：

(1)电力系统由哪几部分组成？各组成部分的作用分别是什么？

(2)什么是电网？

(3)某电缆型号为"ZLQ20-10000-3×120"，试说明其含义。

(4)电缆的敷设方式有哪几种？

(5)对直埋式电缆，要求其埋置净深不少于多少？

(6)变电所与配电所有何区别？

(7)什么是"暂载率"？它描述的是什么？

(8)对一级负荷、二级负荷、三级负荷的供电各有什么要求？

任务二 电力系统中性点的运行方式

【必备知识】

电力系统的中性点指发电机或变压器的中性点。

在三相交流电力系统中，星形连接的发电机或变压器，其中性点有三种运行方式：中性点不接地、中性点经消弧线圈接地、中性点直接接地。

中性点不接地系统和中性点经消弧线圈接地系统发生单相接地故障时，接地电流较小，故称小接地电流系统（也称中性点非有效接地系统或中性点非直接接地系统）；中性点直接接地系统发生单相接地故障时，接地电流较大，故称大接地电流系统（也称中性点有效接地系统）。下面就这三种运行方式进行详细介绍。

【技术手册】

一、中性点不接地系统

电力系统三相导线之间、各相导线对地之间都存在着分布电容，在电压作用下，都将产生附加的电容电流。为分析方便，假设三相系统是对称的，并忽略较小的三相导线之间的分布电容所引起的电容电流。现讨论该系统在正常运行和发生单相接地故障时各相对地电压、电流变化情况。

（一）正常运行时

各相导线对地分布电容用集中的等效电容 C 表示，各相对地电容电流分别用 $\dot{I}_{C1}$，$\dot{I}_{C2}$，$\dot{I}_{C3}$ 表示，如图 1-6（a）所示。由于对称三相系统中性点 N 的对地电压 $\dot{U}_N$ 为零，则有如下关系。

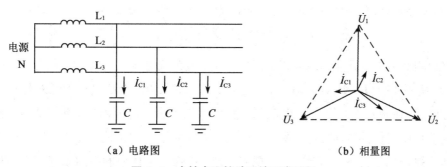

（a）电路图　　　　　　　　　（b）相量图

图 1-6 中性点不接地系统正常运行

1. 各相对地电压

L_1 相对地电压：$\dot{U}_1' = \dot{U}_1 + \dot{U}_N = \dot{U}_1$；

L_2 相对地电压：$\dot{U}_2' = \dot{U}_2 + \dot{U}_N = \dot{U}_2$；

L_3 相对地电压：$\dot{U}_3' = \dot{U}_3 + \dot{U}_N = \dot{U}_3$。

上式表明，系统正常运行时，各相对地电压分别为电源各自的相电压，它们大小相等、相位差互为120°、向量之和为零。

2. 各相对地电容电流

在 $\dot{U}_1'$，$\dot{U}_2'$，$\dot{U}_3'$ 的作用下，各相对地电容电流 $\dot{I}_{C1}'$，$\dot{I}_{C2}'$，$\dot{I}_{C3}'$ 大小相等（用 $\dot{I}_{C0}'$ 表示）、相位差互为120°、向量之和为零，中性点没有电容电流流过，各相对地电压、电流向量如图1-6（b）所示。其有效值为：

$$I_{C1} = I_{C2} = I_{C3} = I_{C0} = \omega C U_x' \tag{1-2}$$

式中，I_{C0}——系统正常运行时各相对地电容电流的有效值；

ω ——电源角频率；

C ——各相对地分布电容；

U_x'——各相对地电压。

（二）单相接地时

当系统任何一相由于某种原因而接地时，各相对地电压、对地电容电流都要发生改变，如图1-7（a）所示。当故障相（如 L_3 相）完全接地时，存在以下关系。

1. 各相对地电压

（1）接地相（L_3 相）对地电压为零，即 $\dot{U}_3' = \dot{U}_3' + \dot{U}_N' = 0$，则

$$\dot{U}_N' = -\dot{U}_3' \tag{1-3}$$

式（1-3）表明，当 L_3 相完全接地时，中性点对地电压不再为零，而是上升到了相电压，且与接地相的电源电压相位相反。

（2）非接地相（L_1 相）对地电压：$\dot{U}_1 = \dot{U}_1 + \dot{U}_N = \dot{U}_1 + (-\dot{U}_3) = \dot{U}_{13}$

（L_2 相）对地电压：$\dot{U}_2 = \dot{U}_2 + \dot{U}_N = \dot{U}_2 + (-\dot{U}_3) = \dot{U}_{23}$

即非接地相对地电压升高到原来相电压的$\sqrt{3}$倍，变为线电压。

（3）从图1-7（b）所示的相量图中还可看出，系统的三个线电压仍然对称且大小不变，因此，接在该系统上的三相设备仍可继续运行。但是，这种线路不允许在单相接地故障情况下长期运行，因为如果再发生一相接地就形成了两相接地短路，产生的短路电流将损坏线路及用电设备。为此，相关规程规定：中性点不接地的电力系统发生单相接地故障时，单相接地运行时间不得超过两小时。

为了保证在发生单相接地故障时能够及时发现和处理，中性点不接地系统一般都装有单相接地保护装置或绝缘监测装置。

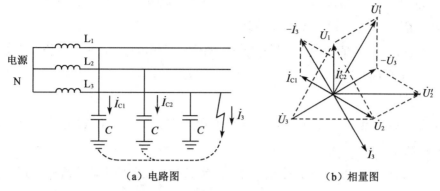

（a）电路图　　　　　（b）相量图

图 1-7　中性点不接地系统单相接地

2. 各相对地电容电流

（1）接地相（L_3 相）对地电容电流：由于该相对地电容被短接，故 $I_{C3}=0$。

（2）非接地相（L_1 和 L_2 相）对地电容电流：由于这两相对地电压升高到原来相电压的 $\sqrt{3}$ 倍，故其对地电容电流也将相应升高到系统正常运行时其对地电容电流的 $\sqrt{3}$ 倍，即

$$I_{C1}=I_{C2}=\sqrt{3}I_{C0} \tag{1-4}$$

3. 系统单相接地电流

此时三相对地电容电流之和不再为零，大地中有电流流过，并通过接点点构成回路，这个电流就是系统单相接地电流 $\dot{I}_C(\dot{I}_3)$，显然：$\dot{I}_C=-(\dot{I}_{C1}+\dot{I}_{C2})$。

由图 1-7（b）可见，系统单相接地电流有效值为：

$$I_C=\sqrt{3}I_{C1}=\sqrt{3}\times\sqrt{3}I_{C0}=3I_{C0} \tag{1-5}$$

即中性点不接地系统单相接地电流为系统正常运行时每相对地电容电流的 3 倍。

实际应用中，通常采用下列经验公式来估算系统的单相接地电流：

对架空线路：

$$I_C=\frac{UL}{350} \tag{1-6}$$

对电缆线路：

$$I_C=\frac{UL}{10} \tag{1-7}$$

式中，I_C——接地电流，A；

U——网络的线电压，kV；

L——与电压 U 具有电联系的所有线路的总长度，km。

综上所述，中性点不接地系统有以下几个特点。

（1）发生单相接地故障时，线电压不变，接在该系统上的三相设备可继续运行，供电的可靠性高。

（2）发生单相接地故障时，由于非接地相电压升高到线电压，所以电气设备和线路的对地绝缘应按线电压设计，致使投资增加。

（3）接地电流产生的间歇性电弧过电压，幅值可达相电压的 2.5~3.0 倍，对电力系统的安全运行构成了一定的威胁。

（三）适用范围

一是单相接地电流 $I_C \leqslant 30$ A 的 6~10 kV 电力网；二是单相接地电流 $I_C \leqslant 10$ A 的 35 kV 电力网。

若单相接地电流超过上述规定值，将会产生稳定电弧致使电网出现暂态过电压，危及电器设备安全，这时应采用中性点经消弧线圈接地的运行方式。

二、中性点经消弧线圈接地系统

中性点不接地系统供电的可靠性高，但当单相接地电流超过规定数值时，电弧不能自行熄灭。为了克服这个缺点，可将电力系统的中性点经消弧线圈接地，利用电感电流与电容电流相位相反的特点来减小接地电流，使故障电弧自行熄灭。这种方式称中性点经消弧线圈接地方式，如图 1-8 所示。

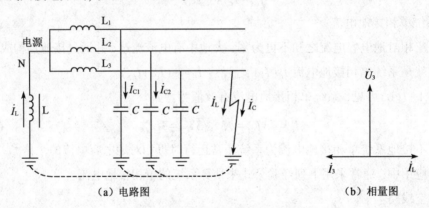

（a）电路图　　　　　　　　　　　（b）相量图

图 1-8　中性点经消弧线圈接地系统

中性点经消弧线圈接地系统与中性点不接地系统一样，当发生单相接地故障时，接地相对地电压为零，其他两相对地电压升高到原相电压的 $\sqrt{3}$ 倍，三个线电压不变，系统可以继续运行，但不允许超过两小时。由于消弧线圈能有效地减小单相接地故障时接地点的电流，故中性点经消弧线圈接地系统适用于单相接地电流 $I_C > 30$ A 的 6~10 kV 电力网和单相接地电流 $I_C > 10$ A 的 35 kV 电力网。

三、中性点直接接地系统

对高电压、长线路的三相系统，当中性点经消弧线圈接地无法防止单相接地所产生的电弧过电压时，可采用中性点直接接地的运行方式，如图 1-9 所示。

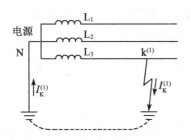

图 1-9 中性点直接接地系统

(一)正常运行时

正常运行时,由于三相系统对称,中性点对地电压为零,中性点无电流流过。

(二)单相接地时

发生单相接地故障时,中性点和接地点通过大地构成回路,形成单相短路。故障相对地电压为零,非故障相对地电压不变。单相短路电流 $I_K^{(1)}$ 比线路正常负荷电流要大许多倍,使保护装置动作或熔断器熔断,将短路故障切除。

综上所述,中性点直接接地系统有以下几个特点。

(1)发生单相接地故障时,非故障相对地电压不变,设备和线路对地绝缘可以按相电压设计,与中性点不接地时相比,可降低约20%的造价。电压等级越高,经济效益越显著。

(2)发生单相接地故障时,保护装置动作或熔断器熔断,断开故障电路。这样虽然防止了电弧过电压的产生,但却中断了对用户的供电,降低了供电的可靠性。为了弥补这一缺点,目前中性点直接接地系统中广泛采用自动重合闸装置。当发生单相接地故障时,保护装置自动切断线路,经过一定时间后,断路器自动重合闸。如果是瞬时接地故障,则恢复供电;如果是永久性接地故障,则保护装置将再次切断线路。统计数据表明,采用一次重合闸的成功率在70%以上。

(3)较大的单相短路电流在导线周围将形成较强的单相磁场,对附近通信线路产生电磁干扰。为此,电力线路在设计时,应避免在一定距离内与通信线路平行。

(三)适用范围

中性点直接接地系统适用于高电压、长线路(110 kV 及以上)电力网。

【实施与考核】

实施过程:接受任务→学习本任务相关知识→回答考核问题。

考核问题:

(1)什么是电力系统的中性点?

(2)试述中性点不接地系统发生单相接地故障时,各相对地电压、电流的变化,并说明此时系统能否正常运行?

(3)试述中性点经消弧线圈接地系统发生单相接地故障时,各相对地电压、电流的变化。该系统通常采用哪种补偿方式? 为什么?

(4)试述中性点直接接地系统发生单相接地故障时,各相对地电压、电流的变化,并说明此时系统能否正常运行?

任务三 低压配电系统的接地型式

【必备知识】

低压配电系统按配电系统和电气设备接地的不同组合,可分为 TN 系统(包括 TN-C 系统、TN-S 系统、TN-C-S 系统)、TT 系统、IT 系统三种型式。国际电工委员会(IEC)对系统接地的文字符号的含义规定如下:

(1)第一个字母表示配电系统的对地关系。如:T——电力系统中性点直接接地;I——电源端所有带电部分与地绝缘,或有一点经高阻抗接地。

(2)第二个字母表示电气装置的外露导电部分对地关系。如:T——设备外露可导电部分(如金属外壳等)直接接地,它与系统中其他任何接地点无直接关系;N——设备外露可导电部分与电力系统的接地点直接电气连接(在交流系统中,接地点通常就是中性点),即负载采用接零保护。

(3)第三个字母表示工作零线(N 线)与保护线(PE 线)的组合关系。如:C——N 线与保护线(PE 线)二者合一;S——N 线与保护线(PE 线)二者分开。

【技术手册】

一、TN 系统

TN 系统是指电源中性点直接接地、负载采用接零保护的系统。

在 TN 系统中,工作零线(又称中性线、N 线)有三个作用:一是用来接驳相电压为 220 V 的单相设备;二是用来传导三相系统中的不平衡电流和单相电流;三是能够减少负载中性点电压偏移。保护线(又称地线、PE 线)的作用是保障人身安全,防止触电事故发生。

根据工作零线(N 线)与保护线(PE 线)的组合关系,TN 系统又分为 TN-C 系统、TN-S系统、TN-C-S 系统。

(一)TN-C 系统(三相四线制系统)

这种系统的 N 线和 PE 线合用一根导线——保护中性线(PEN 线),四线到达用电设备,所有设备外露可导电部通过 PEN 线与系统接地点相连(设备不单独接地),如图

1-10(a)所示。

TN-C 系统具有两个特点：一是线路简单、经济；二是在三相负载不平衡或 PEN 线断开时会使用电设备的金属外壳带上危险电压，安全性能差。故该系统适用于无爆炸危险和安全条件较好的场所。

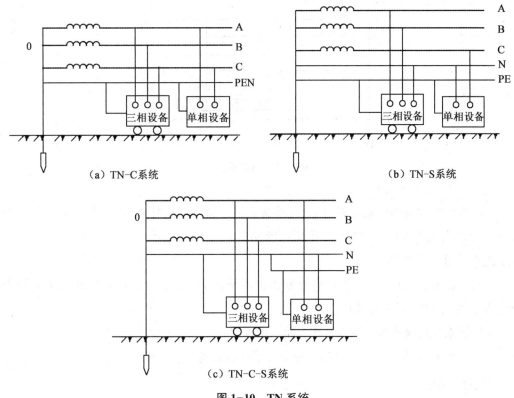

（a）TN-C系统   （b）TN-S系统

（c）TN-C-S系统

图 1-10 TN 系统

（二）TN-S 系统（三相五线制系统）

这种系统的 N 线和 PE 线分开敷设，并且相互绝缘，五线到达用电设备，所有设备的外露可导电部分均与 PE 线相连，如图 1-10(b)所示。

TN-S 系统具有两个特点：一是线路复杂、价格较贵；二是在正常情况下 PE 线没有负荷电流通过，因此不会对接在 PE 线上的其他用电设备产生电磁干扰，安全性能好。故该系统适用于环境条件较差、对安全可靠性要求高、用电设备对电磁干扰要求较严的场所。

（三）TN-C-S 系统（伪三相五线制系统）

这种系统前段为 TN-C 系统，后段为 TN-S 系统，如图 1-10(c)所示。为了防止 PE 线与 N 线混淆，《绝缘导体和裸导体的颜色标志》（GB 7947-87）规定，PE 线和 PEN 线应涂以黄绿相间的色标，N 线应涂以浅蓝色色标。

TN-C-S 系统兼有 TN-C 系统和 TN-S 系统的优点，故该系统常用于配电系统末端环境条件较差或要求无电磁干扰的场所。

二、TT 系统

TT 系统是指电源中性点直接接地、设备外露可导电部分经各自的 PE 线单独接地（此接地点与电源中性点接地点相互独立）的系统，如图 1-11 所示。

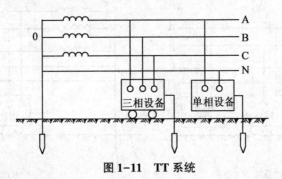

图 1-11　TT 系统

这种系统有以下几个特点。

(1)当电气设备的金属外壳带电(相线碰壳或设备绝缘损坏而漏电)时，由于有接地保护，可以大大减少触电的危险，但低压断路器不一定能跳闸，会造成漏电设备的外壳对地电压高于安全电压。

(2)当漏电电流较小时，即使有熔断器也不一定能熔断，所以还需要漏电保护器作为保护，因此 TT 系统难以推广。

(3)该系统接地装置耗用钢材多，而且难以回收，费工又费时。

综上，该系统适用于负载设备容量小且很分散的场合，如农网。

三、IT 系统

IT 系统的电源不接地或通过高阻抗接地，设备外露可导电部分经各自的 PE 线单独接地，如图 1-12 所示。

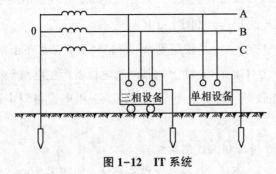

图 1-12　IT 系统

这种系统有以下几个特点。

(1)单相接地电流小，可不切断电源，供电连续性较高。

(2)可采用剩余电流保护器(RCD)进行人身和设备安全保护。

(3)如果在消除单相接地故障前，又发生其他相的接地短路，将产生很大的故障电流，非常危险，因此对单相接地故障检测设备的要求较高。

综上，该系统适用于对供电的可靠性要求较高、易发生单相接地故障，以及易燃、易爆的场所，例如电力炼钢、大医院的手术室、地下矿井等处。

【实施与评价】

实施过程：接受任务→学习本任务相关知识→回答考核问题。

考核问题：

(1)什么是 TN 系统、TT 系统、IT 系统？

(2)在 TN 系统中，TN-C 系统、TN-S 系统、TN-C-S 系统有何区别？

任务四 电力系统的额定电压

【必备知识】

电力系统的额定电压是我国根据国民经济发展的需要及电力工业的现有水平，经过全面的技术分析后确定的。国家标准规定的三相交流电网和电力设备的额定电压等级如表 1-1 所列。

表 1-1 三相交流电网和电力设备的额定电压

分类	电网和电力设备额定电压/kV	发电机额定电压/kV	电力变压器额定电压/kV	
			一次绕组	二次绕组
低压	0.22	0.23	0.22	0.23
	0.38	0.40	0.38	0.40
	0.66	0.69	0.66	0.69
高压	3	3.15	3，3.15	3.15，3.3
	6	6.3	6，6.3	6.3，6.6
	10	10.5	10，10.5	10.5，11
	—	13.8，15.75，18，20	13.8，15.75，18，20	—
	35	—	35	38.5
	60	—	60	66
	110	—	110	121
	220	—	220	242
	330	—	330	363
	500	—	500	550
	750	—	750	825(800)

【技术手册】

一、电力线路的额定电压

电力线路的额定电压必须符合国家规定的电压等级。当电力线路的额定电压选定后，其他各类电力设备的额定电压即可据此来确定。

二、用电设备的额定电压

用电设备运行时，电力线路上的负荷电流将产生电压损耗，造成电力线路上各点电压略有不同，如图1-13所示。但成批生产的用电设备，其额定电压不可能按使用地点的实际电压来制造，而只能按电力线路的额定电压U_N来制造。因此规定：用电设备的额定电压应与同级电力线路的额定电压相同。

三、发电机的额定电压

电力线路允许的电压偏差一般为±5%，即整个线路允许有10%的电压损耗。为了维持线路的平均电压为额定值，线路首端（电源端）电压可比线路额定电压高5%，线路末端电压可比线路额定电压低5%。而发电机是接在线路首端的，因此规定：发电机的额定电压高于同级线路额定电压的5%，用以补偿线路上的电压损耗，如图1-13所示。

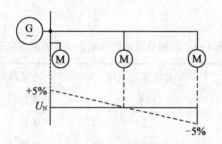

图1-13　用电设备、发电机的额定电压

四、电力变压器的额定电压

（一）变压器一次绕组的额定电压

变压器一次绕组的额定电压分以下两种情况讨论。

（1）若变压器一次绕组直接与发电机相连（升压变压器），则其一次绕组的额定电压应与发电机额定电压相同，即高于同级电力线路额定电压的5%。

（2）若变压器一次绕组与电力线路相连（降压变压器），作为电力线路上的用电设备，其一次绕组额定电压应与电力线路额定电压相同。

（二）变压器二次绕组的额定电压

变压器二次绕组的额定电压，是指变压器一次绕组接上额定电压、二次绕组开路时的电压（即空载电压）。当变压器满载运行时，二次绕组内约有5%的阻抗电压降。因此分以下两种情况讨论。

(1)如果变压器二次侧供电线路较长(如较大容量的高压线路),考虑到线路首端电压应高于线路额定电压的5%以补偿线路上的电压损耗,同时还应补偿变压器满载运行时二次绕组本身5%的阻抗电压降,故变压器二次绕组的额定电压要比线路额定电压高10%,见图1-14中变压器 T_1。

(2)如果变压器二次侧供电线路较短(如低压线路),则不必考虑线路首端电压应高于线路额定电压的5%以补偿线路上的电压损耗问题,仅需考虑补偿变压器内部5%的阻抗电压降即可。故变压器二次绕组的额定电压应高于所接线路额定电压的5%,见图1-14中变压器 T_2。

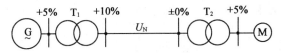

图1-14 电力变压器的额定电压

例1-1 试确定图1-15中发电机、变压器的额定电压。

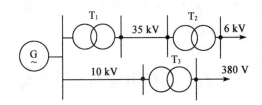

图1-15 例1-1图

解 (1)发电机 G 的额定电压应高于同级线路额定电压的5%,即

$$U_{N.G} = 1.05U_N = 1.05 \times 10 = 10.5(kV)$$

(2)变压器 T_1 的一次绕组直接与发电机相连,故其额定电压应与发电机额定电压相同,即

$$U_{1N.T_1} = U_{N.G} = 10.5(kV)$$

变压器 T_1 的二次侧供电线路较长(高压线路),其额定电压要比线路额定电压高10%,即

$$U'_{2N.T_1} = 1.1U_N = 1.1 \times 35 = 38.5(kV)$$

故变压器 T_1 的额定电压为:10.5/38.5 kV。

(3)变压器 T_2 的一次绕组与电力线路相连,故其额定电压应与电力线路额定电压相同,即

$$U_{1N.T_2} = U_N = 35(kV)$$

变压器 T_2 的二次侧供电线路较长(高压线路),其额定电压要比线路额定电压高10%,即

$$U_{2N.T_2} = 1.1U_N = 1.1 \times 6 = 6.6(kV)$$

故变压器 T_2 的额定电压为:35/6.6 kV。

（4）变压器 T_3 的一次绕组与电力线路相连，故其额定电压应与电力线路额定电压相同，即

$$U_{1N.T_3} = U_N = 10\,(\mathrm{kV})$$

变压器 T_3 的二次侧供电线路较短（低压线路），其额定电压应高于所接线路额定电压的 5%，即

$$U_{2N.T_3} = 1.05U_N = 1.05 \times 0.38 = 0.4\,(\mathrm{kV})$$

故变压器 T_3 的额定电压为：10/0.4 kV。

可见，同一电压等级电力系统中各个环节（发电机、变压器、电力线路、用电设备）的额定电压数值并不都相同。

【实施与评价】

实施过程：接受任务→学习本任务相关知识→回答考核问题。

考核问题：同一电压等级电力系统中各个环节（发电机、变压器、电力线路、用电设备）的额定电压数值是否相同？为什么？

任务五　衡量电能质量的指标

【必备知识】

电能质量对用电设备的工作性能、使用寿命、安全及经济运行都有直接影响。衡量电能质量的主要指标是频率质量和电压质量。频率质量指标为频率偏差，电压质量指标包括电压偏差、三相电压不平衡度、公用电网谐波及电压波动和闪变。对工厂而言，衡量电能质量的主要指标是频率偏差和电压偏差，本任务主要介绍这两个指标。

【技术手册】

一、频率偏差

我国电力系统的标称频率为工频（工业用电频率的简称）50 Hz，国家标准规定频率偏差允许值为：

（1）电网容量在 300 万千瓦以下者为（50±0.5）Hz；

（2）电网容量在 300 万千瓦及以上者为（50±0.2）Hz。

实际运行中，全国各大电力系统都保持在（50±0.1）Hz 范围内。

二、电压偏差

电压偏差又称电压偏移，指由于供配电系统运行方式改变或负荷缓慢变化等原因，

造成供配电系统各点的电压也随之变化，使实际电压与额定电压之间存在的偏差。其数学表达式为：

$$\Delta U\% = \frac{U - U_{\mathrm{N}}}{U_{\mathrm{N}}} \times 100\% \tag{1-8}$$

式中，$\Delta U\%$——电压偏差；

　　　U　——实际电压；

　　　U_{N}——额定电压。

国家标准规定的电力系统在正常运行条件下电压的允许偏差是不同的。

【实施与评价】

实施过程：接受任务→学习本任务相关知识→回答考核问题。

考核问题：

(1)衡量电能质量的两个主要指标是什么？

(2)什么是电压偏差？

项目二　工厂供配电系统

【项目描述】

工厂供配电系统，是指工厂所需的电力能源从进厂起到所有用电设备终端止的整个电路，包括工厂变(配)电所、工厂高低压配电线路及电力负荷。按照作用不同，工厂供配电系统分为一次系统和二次系统两部分。

一次系统是由各种主要电气设备按一定顺序连接而成的接受和分配电能的系统，其中的主要电气设备称一次设备。

二次系统是对一次系统进行控制、指示、测量和保护的系统，其中的主要电气设备称二次设备。

本项目只介绍工厂供配电一次系统。工厂供配电二次系统将在项目五中详细介绍。

一次系统与二次系统之间的联系，通常是通过互感器完成的。

为了保证生产和生活用电，工厂供配电系统应辩证地满足以下几个基本要求。

(1)安全：应保证人身、设备安全。

(2)可靠：应满足电能用户对供电可靠性的要求。

(3)优质：应满足电能用户对电能质量的要求。

(4)经济：应使供电系统的投资少、运行费用低。

任务一　工厂供配电系统电压的选择

【必备知识】

当输送功率一定时，提高供电电压就能减少电能损耗、节约有色金属、提高用户端电压质量。但电压越高，绝缘要求就越高，电气设备(如变压器、开关等设备)的价格就越高。因此，工厂供配电系统电压的选择应根据具体情况(地区电网的供电条件、电能输送距离、用电设备容量、用电设备额定电压、各车间的分布、厂区内的配电方式等)来决定。

【技术手册】

一、供电电压的选择

供电电压是指电力系统向工厂提供的电压。

对于大型工厂和某些电力负荷较大的中型工厂,设备容量在 2000~50000 kV·A、电能输送距离在 20~150 km 的,可采用 35~110 kV 电压供电。

对于中小型工厂,设备容量在 100~2000 kV·A、电能输送距离在 4~20 km 的,可采用 6~10 kV 电压供电。

其中,工厂的 6 kV 高压用电设备(如 6 kV 高压电机)数量较多时,采用 6 kV 电压供电;当 10 kV 与 6 kV 可选择时,一般情况下,宜采用 10 kV 电压供电。这是因为在输送功率和输送距离一定时,电压高,则电流小、电压损耗和电能损耗小、架空导线或电缆截面小、线路的初投资和有色金属消耗量减少,同时从开关设备的投资及安全性、可靠性来说,两者相差无几;采用 10 kV 配电电压的工厂,如果有数量较少的 6 kV 高压用电设备(如 6 kV 高压电机),则可通过专用的 10/6.3 kV 变压器单独供电。

对于小型工厂,设备容量在 100 kV·A 、电能输送距离在 600 m 以内的,可采用 380/220 V 电压供电。

表 2-1 列出了各级电压线路合理的输送功率和输送距离,仅供参考。

表 2-1　各级电压线路合理的输送功率和输送距离

线路电压 /kV	线路结构	输送功率 /kW	输送距离 /km	线路电压 /kV	线路结构	输送功率 /kW	输送距离 /km
0.38	架空线路	≤100	≤0.25	10	电缆线路	≤5000	≤10
0.38	电缆线路	≤175	≤0.35	35	架空线路	2000~10000	20~50
6	架空线路	≤1000	≤10	63	架空线路	3500~30000	30~100
6	电缆线路	≤3000	≤8	110	架空线路	10000~50000	50~150
10	架空线路	≤2000	5~20	220	架空线路	100000~500000	200~300

二、配电电压的选择

配电电压是指工厂向用电设备分配的电压。

对高压用电设备,配电电压应选择其额定电压。

对低压用电设备,通常采用 380/220 V 配电电压。其中 380 V 接三相动力设备,220 V 接照明及其他单相设备。

对有特殊要求的场所,应根据国家有关规定,采用其他的安全配电电压。

【实施与考核】

实施过程:接受任务→学习本任务相关知识→回答考核问题。

考核问题：

(1)为了保证生产和生活用电,工厂供配电系统应辩证地满足哪几个基本要求?

(2)为什么有 6 kV 与 10 kV 的供电电压可选择时,宜采用 10 kV 电压供电?

任务二   工厂供配电系统的供电方式

【必备知识】

本任务主要介绍工厂供配电系统的供电方式。

【技术手册】

工厂供配电系统的供电方式按其变压的次数分为以下几种。

一、二次变压供电方式

某些电力负荷较大的工厂,一般采用 35~110 kV 供电电压,由工厂总降压变电所降至 6~10 kV,经过高压配电线路将电能分配到各车间变电所,再将 6~10 kV 降至 380/220 V,经低压配电线路配出,高压用电设备则直接由总降压变电所的 6~10 kV 母线供电。这种方式称二次变压供电方式,如图 2-1 所示。

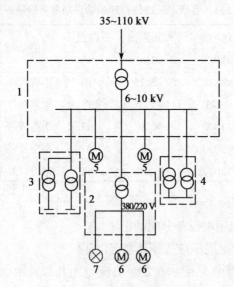

图 2-1   二次变压供电系统

1—总降压变电所;2—车间变电所;3—杆上变电所;4—独立变电所;

5—高压电动机;6—低压电动机;7—照明

二、一次变压供电方式

（一）具有高压配电所的一次变压供电方式

一般而言，中型工厂多采用 6～10 kV 供电电压，经高压配电所、高压配电线路将电能分配给各车间变电所，将 6～10 kV 降至 380/220 V，经低压配电线路配出，高压用电设备直接由高压配电所的 6～10 kV 母线供电，如图 2-2 所示。

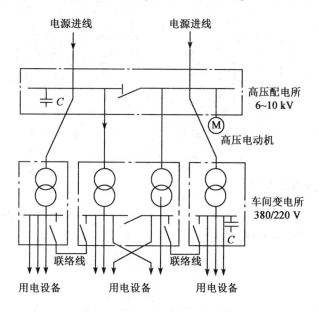

图 2-2　具有高压配电所的一次变压供电系统

（二）高压深入负荷中心的一次变压供电方式

对于某些中、小型工厂，若供电电压为 35 kV，且工厂的各种条件允许，可将该电压作为配电电压，直接引入靠近负荷中心的车间变电所，将 35 kV 一次变压为 380/220 V，经低压配电线路配出，如图 2-3 所示。

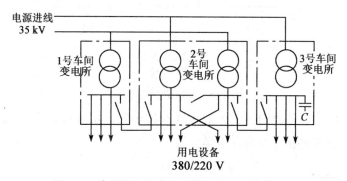

图 2-3　高压深入负荷中心的一次变压供电系统

这种高压深入负荷中心的一次变压供电方式，可节省一级中间变压，从而简化供电系统，节约有色金属，降低电能损耗和电压损耗，提高供电质量。

（三）只有一个变电所的供电方式

对于小型工厂，由于用电量较少，通常将 6~10 kV 供电电压送至一个变电所，降为 380/220 V 后经低压配电线路配出，如图 2-4 所示。

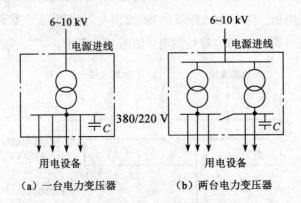

（a）一台电力变压器　　　（b）两台电力变压器

图 2-4　只有一个变电所的供电系统

三、零次变压供电方式

某些小型工厂，当用电量很少时，一般无需变压而是直接采用 380/220 V 供电电压，通过低压配电间、低压配电线路配出，如图 2-5 所示。

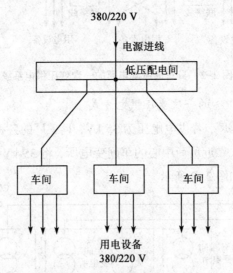

图 2-5　零次变压供电系统

综上，工厂供配电系统的供电方式主要取决于工厂用电设备容量、各车间的分布、厂区内的配电方式及地区电网的供电条件等。

【实施与考核】

实施过程：接受任务→学习本任务相关知识→回答考核问题。

考核问题：高压深入负荷中心的一次变压供电方式有何优点？

任务三　工厂变(配)电所的电气主接线

【必备知识】

工厂变配电所的电气主接线(一次接线),是由各种主要电气设备(包括变压器、开关电器、母线等)按一定顺序连接而成的接受和分配电能的电路。

【技术手册】

一、对主接线的基本要求

电气主接线是变(配)电所电气部分的主体,对安全运行、电气设备选择、配电装置的布置等都起着重要的作用,是运行人员进行各种倒闸操作和事故处理的重要依据。为此对主接线有下列基本要求。

(1)安全:符合国家标准和有关设计规范的要求,能充分保证人身安全和设备安全。

(2)可靠:能满足各级电力负荷(特别是一、二级负荷)对供电可靠性的要求。

(3)灵活:能适应供电系统所需要的各种运行方式,切换操作简便,便于检修,并能适应负荷的发展。

(4)经济:在满足安全、可靠、灵活的前提下,主接线应力求简单,使投资最省、运行费用最低。

二、主接线的基本形式

当同一电压等级的进出线数目较多时,为便于接线,常需设置母线。所以,电气主接线一般按母线分类,分为有母线式和无母线式两大类,具体分类如下:

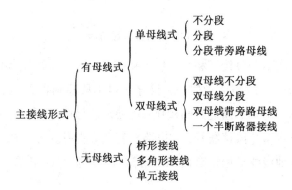

(一)有母线式

1. 单母线式

(1)单母线不分段接线。单母线不分段接线如图2-6所示。

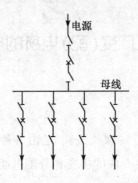

图 2-6　单母线不分段接线

①优点：这种接线的优点是电路简单、使用设备少、投资费用低。

②缺点：这种接线的可靠性和灵活性差，母线和母线隔离开关(馈出线路上靠近母线侧的隔离开关)故障或检修时，全部用户均需停运。

③适用范围：这种接线适用于有一回电源进线、较少回馈出线，对供电可靠性要求不高的小型工厂。

(2)单母线分段接线。单母线分段接线用隔离开关(或断路器)将单母线分为 2~3段，母线可以分列运行(分段开关断开)，也可以并列运行(分段开关闭合)，如图 2-7所示。

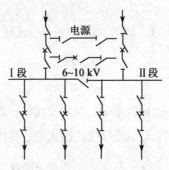

图 2-7　单母线分段接线

①优点：与单母线不分段接线相比，这种接线的优点是可靠性和灵活性较高。任意一段母线和母线隔离开关故障或检修时，仅停止对本段负荷的供电，减少了停电范围；任一电源线路故障或检修时，通过倒闸操作，可使两段母线均不致停电。

②缺点：与单母线不分段接线相比，电路较复杂、使用设备较多、投资费用较高。

③适用范围：这种接线适用于有两回电源进线、较多回馈出线，对供电可靠性要求较高的中型工厂。

(3)单母线分段带旁路母线接线。如欲在检修任一出线断路器时不中断对该线路的供电，可采用单母线分段带旁路母线的接线方式，如图 2-8所示。

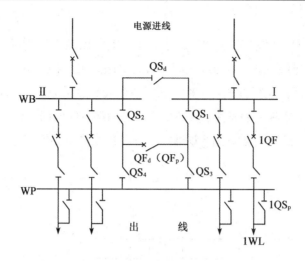

图 2-8 单母线分段带旁路母线接线

WP—旁路母线；QS_p—旁路隔离开关；QF_d—分段断路器（兼旁路断路器）

该方式增设了一组旁路母线 WP 及各出线回路中相应的旁路隔离开关 QS_p，分段断路器 QF_d 兼作旁路断路器 QF_p，并设有分段隔离开关 QS_d。正常运行时，旁路母线不带电，即 QS_3、QS_4 及所有旁路隔离开关 QS_p 均断开。

假设工作母线处于并列运行状态，即 QS_1、QS_2 及 QF_d 闭合；分段隔离开关 QS_d 断开。当需要检修某一出线断路器时，可通过倒闸操作，由旁路母线对该回路负荷供电。现以检修 1QF 为例，简述其倒闸操作步骤。

第一步，投入旁路母线：合上分段隔离开关 QS_d（维持工作母线的并列运行状态）→断开分段断路器 QF_d→断开 QS_1（或 QS_2）→合上 QS_3（或 QS_4）→合上旁路断路器 QF_p，若旁路母线完好，则 QF_p 不会自动跳闸，此时旁路母线经 QS_3（或 QS_4）、QF_p、QS_2（或 QS_1）由 Ⅱ 段（或 Ⅰ 段）母线供电。

第二步，将线路 1WL 切换至旁路母线上运行：合上 $1QS_p$。

第三步，退出 1QF：断开 1QF 及其两侧隔离开关并做好安全接地，即可退出 1QF 进行检修。

关于工作母线处于分列运行状态时的倒闸操作步骤，可自行分析。

①优点：与单母线分段接线相比，这种接线方式具有相当高的可靠性及灵活性。

②缺点：与单母线分段接线相比，电路较复杂、使用设备较多、投资费用较高。

③适用范围：应用于出线回路不多、负荷较为重要的中小型发电厂或 35~110 kV 变电站中。

单母线接线方式都有一个缺点：母线或母线隔离开关发生故障或检修时，将使整条母线或一段母线断电。对供电可靠性要求很高的大型工厂，当单母线接线不能满足供电可靠性要求时，可采用双母线接线。

2. 双母线式

（1）双母线不分段接线。在这种接线中，任一电源或馈出线均经一台断路器和两个隔离开关接在两组母线上，两组母线之间用母线联络开关（母联）相连。

双母线接线有两种运行方式：一种方式是一组母线工作、另一组母线备用，母联处于断开状态，这种方式称为明备用；另一种方式是两组母线同时工作、互为备用，母联处于闭合状态，这种方式称为暗备用。双母线不分段接线如图 2-9 所示。

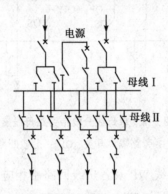

图 2-9　双母线不分段接线

①优点：与单母线接线相比，这种接线的优点是可靠性和灵活性高，只有在某一母线隔离开关及其内侧设备故障或检修时，才会停止对该回路的供电。一般情况下，通过倒闸操作，可保证任一馈出线路不停电（或短时停电）。

②缺点：与单母线接线相比，电路复杂、使用设备多、投资费用高。

③适用范围：这种接线适用于有两回（或多回）电源进线、多回馈出线，对供电可靠性要求高的大型工厂总降压变电所的 35~110 kV 母线和有重要高压负荷或有自备发电厂的 6~10 kV 母线系统。

（2）双母线分段接线。双母线分段接线又分为双母线三分段接线和双母线四分段接线。双母线三分段接线如图 2-10 所示。

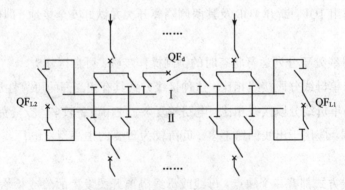

图 2-10　双母线三分段接线

若将两组母线均用分段断路器分为两段，则可构成双母线四分段接线。

双母线分段接线具有相当高的供电可靠性与运行灵活性，但所使用的电气设备更多，配电装置也更为复杂。

（3）双母线带旁路母线接线。采用双母线带旁路母线接线，是为了在检修任一回路断路器时不中断该回路的供电，如图 2-11 所示。

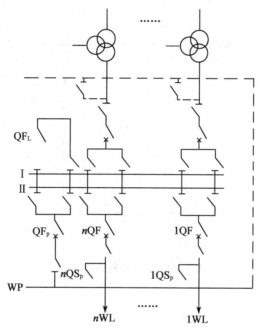

图 2-11　双母线带旁路母线接线

双母线带旁路母线接线，可以大大提高主接线系统的工作可靠性。但是，这种接线所用的电气设备数量较多，配电装置结构复杂，占地面积较大，经济性较差。根据我国情况，一般规定当 220 kV 线路有 5（或 4）回及以上出线、110 kV 线路有 7（或 6）回及以上出线时，可采用这种接线方式。

（4）一个半断路器接线。如图 2-12 所示，两组母线间接有若干个"断路器串"，每个断路器串由三台断路器串联组成，从每两个相邻的断路器之间各接一回出线。由于两回出线使用了三台断路器，处于每串中间部位的断路器（联络断路器 QF_L）公用，每回出线相当于使用了 3/2 个断路器，故称这种接线方式为一个半断路器接线。

①优点：这种接线工作可靠性高。每回路虽然只平均装设了一台半断路器，但却可经过两台断路器供电，任一断路器检修时，所有回路都不会停止工作。当一组母线故障或检修时，所有回路仍可通过另一组母线继续运行。即使是在某一台联络断路器故障、两侧断路器跳闸，以及检修与事故相重叠等严重情况下，停电的回路数也不会超过两回，运行灵活性好。正常运行时，两条母线和全部断路器都同时工作，形成多环路供电方式，运行调度十分灵活，操作检修方便。隔离开关只用作检修时隔离电压，免除了更改运行方式时复杂的倒闸操作。检修任一母线或任一断路器时，各个进出线回路都不需切换操作。

②缺点：这种接线的主要缺点是所用的断路器、隔离开关、电流互感器等设备较多，投资较高。这是因为每个回路接至两台断路器，联络断路器连接着两个回路，故使继电保护及二次回路的设计、调整、检修等比较复杂。

③适用范围：广泛应用于 220 kV 及以上的大容量、超高压配电装置中。

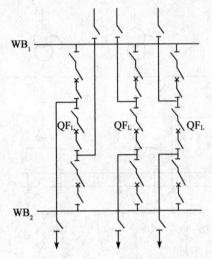

图 2-12　一个半断路器接线

(二)无母线式

1. 桥式接线

对于具有两回电源进线、两台变压器的工厂总降压变电所，其两回电源进线可采用桥式接线，特点是在两回电源进线之间有一条跨接桥。根据跨接桥横跨位置的不同，可分为内桥式接线和外桥式接线两种。

(1)内桥式接线。内桥式接线的跨接桥在进线断路器 QF_1 和 QF_2 的内侧，变压器外侧仅装隔离开关，不装断路器，如图 2-13 所示。

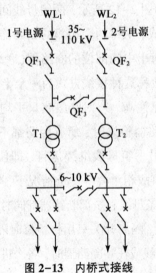

图 2-13　内桥式接线

①优点：由于电源进线装有断路器，故电源进线投切方便。

②缺点：由于变压器不装断路器，故变压器投切不便。

③适用范围：内桥接线适用于电源线路较长（即电源线路故障检修机会较多）、变压器不需经常切换的总降压变电所。

（2）外桥式接线。外桥式接线的跨接桥在变压器断路器 QF_1 和 QF_2 的外侧，进线仅装隔离开关，不装断路器，如图 2-14 所示。

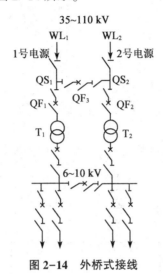

图 2-14 外桥式接线

①优点：由于变压器装有断路器，故变压器投切方便。

②缺点：由于电源进线不装断路器，故电源进线投切不便。

③适用范围：外桥接线适用于电源线路较短（即电源线路故障检修机会较少）、变压器需经常投切（即负荷变动较大）的总降压变电所。

2. 多角形接线

多角形接线的每个边中含有一台断路器和两组隔离开关，各个边互相连接构成闭环，各进出线回路中只装设隔离开关，分别接至多角形的各个顶点上，如图 2-15 所示。

①优点：经济性较好。这种接线的断路器台数等于进出线回路数，平均每回路只需装设一台断路器，工作可靠性与灵活性较高。这种接线方式没有汇流主母线和相应的母线故障，每回路均可由两台断路器供电，任一断路器检修时，所有回路仍可继续运行，任一回路故障时，不影响其他回路的运行。

②缺点：检修任一断路器时，多角形接线变成开环运行，可靠性显著降低，此时，若不与该断路器所在边直接相连的其他任一设备发生故障，将造成两个及以上回路停电、多角形接线被分割成两个相互独立的部分、功率平衡遭到破坏等严重后果。并且，多角形接线的角数愈多，断路器检修的机会也愈多，开环时间愈长，此缺点也愈突出。

运行方式改变时，各支路的工作电流可能变化较大，使相应的继电保护整定也比较复杂。由于多角形接线闭合成环，故难于扩建发展。

③适用范围：我国运行经验表明，在 110 kV 及以上系统中，当出线回路不多，且发展规模比较明确时，可以采用多角形接线——一般以采用三角或四角形为宜，最多不要超过六个角。

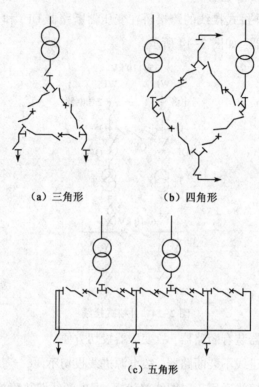

（a）三角形　　　（b）四角形

（c）五角形

图 2-15　多角形接线

3. 单元接线

在工厂变电所中，当只有一条电源进线和一台变压器时，可采用线路-变压器组单元接线。这种接线在变压器高压侧可根据进线距离和系统短路容量的大小，装设不同的开关电器，如图 2-16 所示。

①优点：接线简单，所用电气设备少，配电装置简单，占地面积小，投资少。

②缺点：当该单元中任一台设备故障或检修时，全部设备将停止工作。

③适用范围：这种接线多用于只对三级负荷供电且用电量较小的车间变电所。

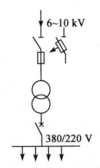

（a）高压侧采用隔离开关（另加熔断器）或直接使用跌落式熔断器

（b）高压侧采用负荷开关（另加熔断器）　　　（c）高压侧采用隔离开关（另加断路器）

图 2-16　单台变压器的变电所主接线

三、电气主接线的绘制

电气主接线的绘制方法通常有单线法、多线法和混合法三种，其中单线法是两根或两根以上导线用一条图线表示的方法，该方法简洁、精练，适用于三相对称电路或各线基本对称的电路；多线法是每根导线各用一条图线表示的方法，该方法精确、充分，适用于不对称电路或需要详细表示具体连接方法的情况；混合法是部分采用单线表示、部分采用多线表示的方法，该方法兼有单线法和多线法的优点。

本书电气主接线的绘制均采用单线法。

（一）电气主接线的表示形式

工厂变配电所电气主接线有两种表示形式。

1. 系统式主接线

系统式主接线中所有元件均只示出其相互连接关系，而不考虑其具体安装位置。系统式主接线常用于变电所值班室中模拟演示供配电系统运行状况，有时也用于设计过程中分析、计算和选择电气设备，如图 2-17 所示。

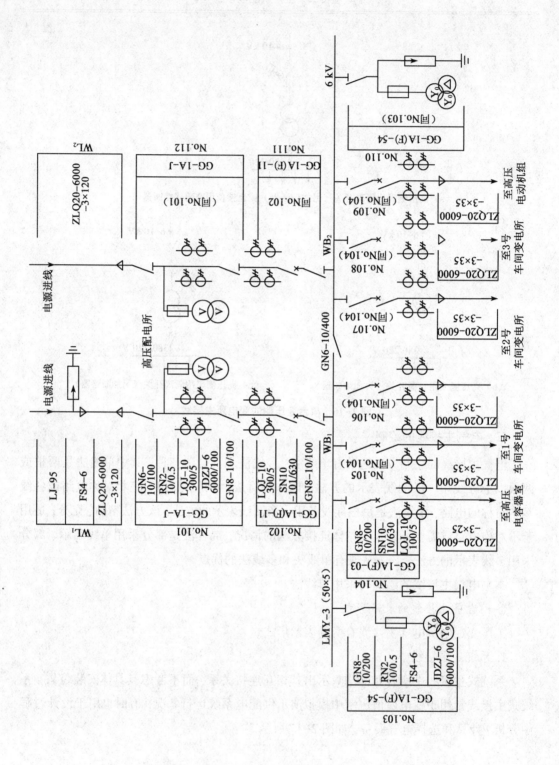

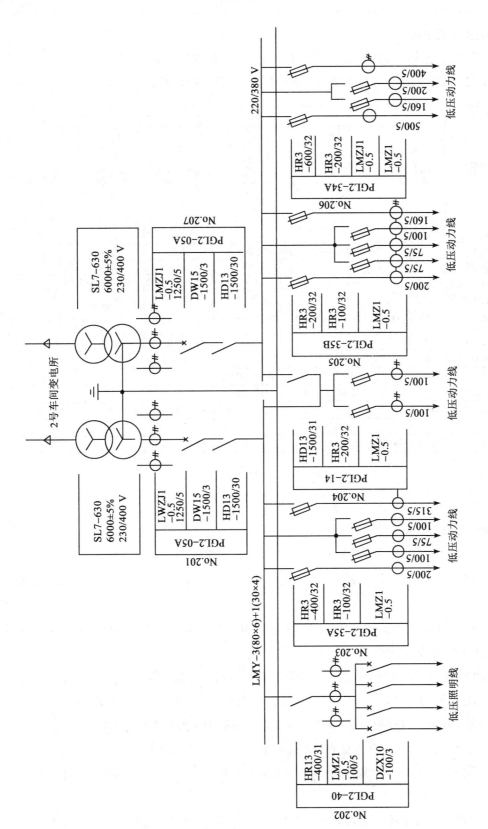

图2-17 某高压配电所及其2号车间变电所的系统式主接线

2. 装置式主接线

装置式主接线中的高低压配电装置按其安装位置的相互关系绘制。装置式主接线主要用于安装施工及作为变配电所内主接线挂图,如图 2-18 所示。

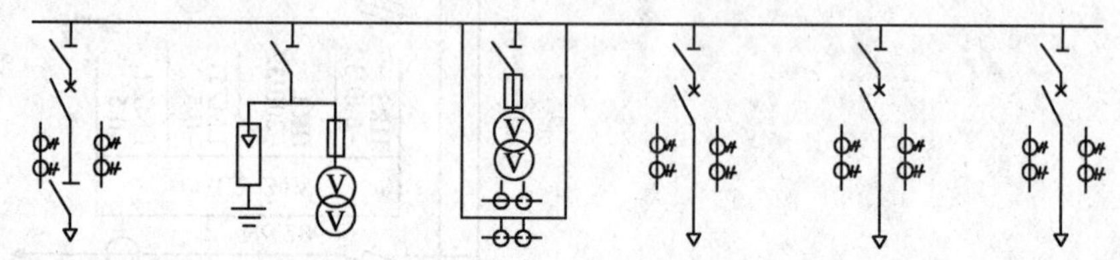

排列序号	1	2	3	4	5	6
柜名	电源	避雷器及电压互感器	电能计量	出线	出线	出线
计算电流	90 A	—	90 A	40 A	40 A	23 A
一次方案编号	GG-1A(F)-07	GG-1A(F)-55	JL-03	GG-1A(F)-03	GG-1A(F)-03	GG-1A(F)-03
二次方案编号	JDZ-316	JDZ-334	JDZ-314	JDZ-324	JDZ-324	JDZ-3264
隔离开关	$GN19-\frac{10C}{10}/400$	GN19-10C/400	GN19-10C/400	GN19-10C/400	GN19-10C/400	GN19-10C/400
断路器	SN10-10/630	—	—	SN10-10/630	SN10-10/630	SN10-10/630
操动机构	CT7-I	—	—	CT7-I	CT7-I	CT7-I
熔断器	—	RN2-10/0.5	RN2-10/0.5	—	—	—
电压互感器	—	JDZ-10/0.1	JDZ-10/0.1	—	—	—
电流互感器	LQJ-10-150/5	—	LQJ-10-150/5	LQJ-10-100/5	LQJ-10-100/5	LQJ-10-40/5
避雷器	—	FS3-10	—	—	—	—
导线	YJLV$_{29}$-3×95	—	—	YJLV$_{29}$-3×35	YJLV$_{29}$-3×35	YJLV$_{29}$-3×35

图 2-18 装置式主接线

(二)电气主接线的绘制要求

电气主接线的绘制必须符合以下要求:

(1)只绘制主变及主要开关电器,以使主接线方案的特点突出,便于分析。

(2)电源进线上必须装设连接计费电度表的专用电能计量柜(专用电压和电流互感器柜)。

(3)根据变配电所监视和保护的要求装设电流互感器和电压互感器,根据变配电所防雷保护的要求装设避雷器。

(4)所有一次电路和一次设备均应标明其型号和主要技术规格:

①电力变压器应标明型号、额定容量、一次电压、二次电压和连接组别;

②高压断路器应标明型号、电压、电流、断流能力和操作机构型式;

③电流互感器(或电压互感器)应标明型号和一、二次电流比(或一、二次变压比);

④高低压开关柜(屏)应标明型号、线路方案号,其中一次设备的型号和主要技术规格;

⑤电缆和绝缘导线应标明型号、线芯数、线芯截面和电压等级。

四、电气主接线实例分析

图 2-17 是某中型工厂供配电系统中高压配电所及其 2 号车间变电所的系统式主接线,导线、电缆、各电气设备的型号规格均已标注于图中。现按顺序简要分析如下。

(一)电源进线

该高压配电所由两路 6 kV 电源供电。

1. 左路电源

左路电源由以下几部分组成。

(1)电源进线(WL_1),其中包括:架空进线(LJ-95 型)——用来输送电能;避雷器(FS4-6 型)——防止雷电过电压;电缆线(ZLQ20-6000-3×120 型)——连接架空进线与所内进线隔离开关。

(2)GG-1A-J 型电能计量柜(No.101),其中包括:隔离开关(GN6-101/100 型)——隔离高压电源;熔断器(RN2-10/0.5 型)——对电压互感器进行短路保护;电流互感器(LQJ-10 型,变比 300/5)——用于测量,接至计费电度表;电压互感器(JDZJ-6 型,变比 6000/100)——用于测量,接至计费电度表;隔离开关(GN8-10/100 型)——防止检修进线断路器时意外来电而发生危险。

(3)GG-1A(F)-11 型高压开关柜(No.102),其中包括:电流互感器(LQJ-10 型,变比 300/5)——电流互感器有两个二次绕组,一个接测量仪表,另一个接继电保护装置;断路器(SN10-101/630 型)——正常时通、断负荷电流,故障时断开短路电流;隔离开关(GN8-10/100 型)——防止检修进线断路器时意外来电而发生危险。

2. 右路电源

右路电源由以下几部分组成。

(1)电源进线(WL_2),即电缆线。

(2)电能计量柜(No.112),同 No.101。

(3)高压开关柜(No.111),同 No.102。

最常见的进线方案是一路电源来自发电厂或电力系统变电站,作为工作电源;另一路电源则来自邻近单位的高压联络线,作为备用电源。

(二)高压母线

(1)母线采用 LMY-3(50×5)型,利用 GN6-10/400 型隔离开关将单母线分为两段:WB_1 和 WB_2。

由于这种高压配电所通常采用一路电源工作、另一路电源备用的运行方式,因此母线分段开关通常是闭合的。当工作电源发生故障或检修时,断开该电源、再投入备用电源即可恢复供电。如果采用备用电源自动投入装置(APD),则供电可靠性更高。

(2)GG-1A(F)-54 型高压柜(No.103,No.110),装有隔离开关、熔断器、避雷器、

电压互感器。

（三）高压配电出线

该高压配电所共有以下六路高压配电出线：

（1）第一路由左段母线 WB_1 经 No.104 高压开关柜，供电给无功补偿用的高压电容器组；

（2）第二路由左段母线 WB_1 经 No.105 高压开关柜，供电给 1 号车间变电所；

（3）第三路、第四路分别由左段母线 WB_1、右段母线 WB_2 经 No.106，No.107 高压开关柜，供电给 2 号车间变电所；

（4）第五路由右段母线 WB_2 经 No.108 高压开关柜，供电给 3 号车间变电所；

（5）第六路由右段母线 WB_2 经 No.109 高压开关柜，供电给 6 kV 高压电动机组。

（四）车间变电所（2 号）

该车间变电所是将 6 kV 降至 380/220 V 的终端变电所。

（1）电源进线及变压器：该车间变电所采用两个电源、两台变压器供电，说明其一、二级负荷较多。两个电源分别由高压母线的 WB_1 和 WB_2 获得；两台变压器二次侧中性点直接接地。

（2）低压母线：低压侧母线（380/220 V）采用单母线分段接线，并装有中性线。

（3）低压配电出线：5 面 PGL2 型低压配电屏（No.202～No.206）分别配电给照明和动力设备。其中照明线采用低压刀开关–低压断路器控制；而低压动力线均采用刀熔开关控制。

【实施与考核】

实施过程：接受任务→学习本任务相关知识→回答考核问题。

考核问题：

（1）简述对电气主接线有哪些基本要求？

（2）试比较单母线不分段、分段接线的优缺点。

（3）试比较单母线与双母线接线的优缺点。

（4）内桥式接线与外桥式接线各适用于什么场合？

任务四　高低压配电线路的接线方式

【必备知识】

配电线路按电压高低分，有高压配电线路（1 kV 以上线路）和低压配电线路（1 kV 及以下线路）。高压配电线路的作用是从总降压变电所向各车间变电所或高压用电设备供电，低压配电线路的作用是从车间变电所向各低压用电设备供电。

【技术手册】

一、高压配电线路的接线方式

(一)高压放射式接线

所谓放射式,就是由工厂总降压变(配)电所6~10 kV母线上引出的每一条回路,呈放射状地分别向每个车间变电所(或高压用电设备)配电。其接线有以下几种。

1. 单回路放射式接线

单回路放射式接线如图2-19所示。

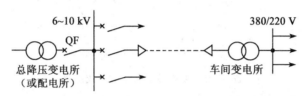

图2-19 单回路放射式

①优点:各个回路相互独立,供电可靠性高。

②缺点:总降压变电所的出线多,有色金属的消耗量大,需用高压设备(开关柜)数量多,投资大。

③适用范围:离供电点较近的大容量用户和供电可靠性要求较高的重要用户。

2. 双回路放射式接线

双回路放射式按电源数目又可分为单电源双回路放射式和双电源双回路放射式两种。

(1)单电源双回路放射式接线。一个用户由一个电源上的两条放射式线路供电,一条线路故障或检修时,用户可由另一条线路保持供电,其供电可靠性较高,多用于对容量大的重要负荷供电,如图2-20所示。

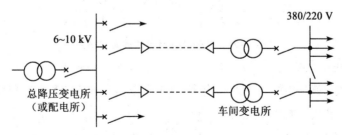

图2-20 单电源双回路放射式接线

(2)双电源双回路放射式接线。一个用户由两个电源上的两条放射式线路供电,任一线路或电源发生故障时,均能保证不中断供电,其供电可靠性高,适用于容量较大的一、二级负荷。但这种接线投资大,出线和维护都更为困难、复杂,如图2-21所示。

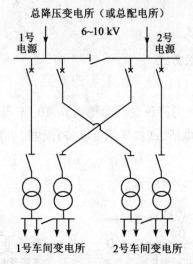

图 2-21 双电源双回路放射式接线

3. 带公共备用线的放射式接线

用户由单放射式线路供电,同时又从公共备用干线上取得备用电源,对每个用户来说,都是双电源,可用于对容量不太大的多个重要负荷供电,如图 2-22 所示。

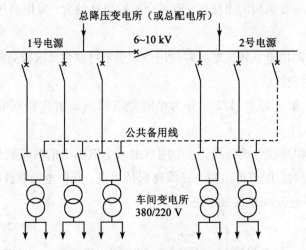

图 2-22 带公共备用线的放射式接线

(二)高压树干式接线

所谓树干式,就是由一条干线引出多个(5 个以内)分支向多个用户供电,每个分支对应一个用户。其接线有以下几种。

1. 单回路树干式接线

(1)单电源单回路树干式接线。单电源单回路树干式接线如图 2-23 所示。

①优点:所用的高压开关设备少,耗用导线也较少,投资少。

②缺点:供电可靠性差,干线发生故障或检修时,全部用户都要停电。

③适用范围:这种接线仅适用于三级负荷。

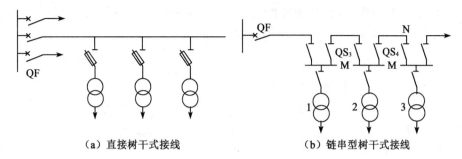

（a）直接树干式接线　　　　　（b）链串型树干式接线

图 2-23　单电源单回路树干式接线

（2）双电源单回路树干式接线。双电源单回路树干式接线如图 2-24 所示。其供电可靠性比单电源单回路树干式接线高。

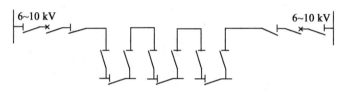

图 2-24　双电源单回路树干式接线

2. 双回路树干式接线

（1）单侧供电的双回路树干式接线。单侧供电的双回路树干式接线如图 2-25 所示。其供电可靠性较高，可供二、三级负荷用电。

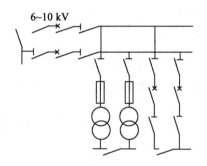

图 2-25　单侧供电的双回路树干式接线

（2）双侧供电的双回路树干式接线。双侧供电的双回路树干式接线如图 2-26 所示。其供电可靠性更高，主要向二级负荷供电。

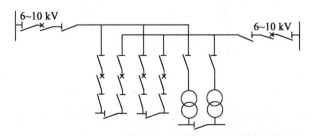

图 2-26　双侧供电的双回路树干式接线

（3）具有公共备用干线的树干式接线。具有公共备用干线的树干式接线如图2-27所示。其供电可靠性较高，主要向二、三级负荷供电。

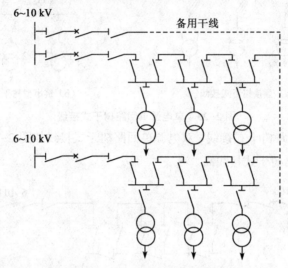

图2-27　具有公共备用干线的树干式接线

(三) 高压环形接线

所谓环形接线，其实质是两端供电的树干式，一般"开口"运行，即环形线路开关是断开的，两条干线分开运行。当任何一段线路故障或检修时，只需经短时间的停电切换后，即可恢复供电，如图2-28所示。

①优点：运行灵活、供电可靠性高。

②缺点：闭环运行时，维护和继电保护装置较复杂。

③适用范围：适用于对允许短时间停电的二、三级负荷供电。

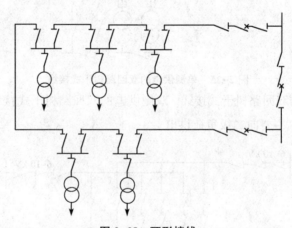

图2-28　环形接线

以上介绍了高压配电线路的几种接线方式，各有优缺点。在实际应用中，应根据负荷的等级、容量大小和分布等具体情况选择合理的接线方式，力求安全、可靠、灵活、经济。

二、低压配电线路的接线方式

低压配电线路的接线方式与高压配电线路的接线方式基本相同，也有放射式、树干式和环形等几种。

(一)低压放射式接线

低压放射式接线的特点是各个回路相互独立，发生故障时互不影响，供电可靠性较高，但有色金属消耗量较多，采用的开关设备也较多，投资大。多用于供电可靠性要求较高的车间。

按负荷分配情况，低压放射式接线又可分为带集中负荷的一级放射式接线和带分区集中负荷的两级放射式接线，如图2-29所示。

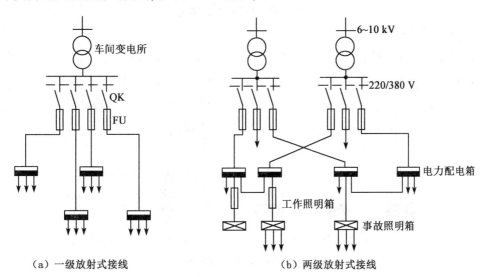

（a）一级放射式接线　　　　（b）两级放射式接线

图2-29　低压放射式接线

(二)低压树干式接线

低压树干式供电系统与放射式供电系统刚好相反，一般情况下，其有色金属消耗量较少，采用的开关设备也较少，投资小，但干线发生故障时，停电范围较大，供电可靠性差。因此，一般分支不超过5个，适用于给容量小且分布较均匀的用电设备供电，如机械加工车间、机修车间和工具车间等。低压树干式系统接线又可分为以下三种。

1. 母线放射式的树干式接线

它是由车间变电所二次侧母线放射式配出的每条干线树干式配出至用电设备，如图2-30(a)所示。

2. 变压器-干线式的树干式接线

它是由车间变电所二次侧不设母线的树干式配出至多个下级干线，下级干线树干式配出至用电设备，如图2-30(b)所示。这种接线方式，可省去变电所低压侧整套低压配电装置，从而使变电所结构简化、投资大为降低。

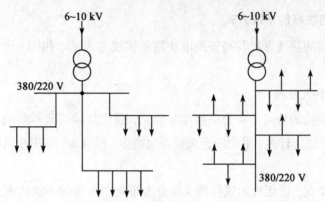

（a）低压母线配电的树干式接线　　（b）变压器-干线组树干式接线

图 2-30　低压树干式接线

3. 低压链式接线

链式接线是树干式接线的一种变形，其特点与树干式接线相同，适用于用电设备距供电点较远而设备之间相距很近、容量很小的次要用电设备。由于其可靠性很差，一般用电设备不超过 5 台，总容量不宜超过 10 kW。如图 2-31 所示。

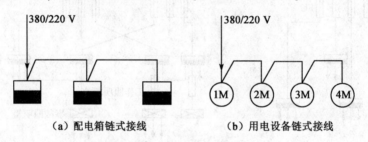

（a）配电箱链式接线　　　　　（b）用电设备链式接线

图 2-31　低压链式接线

(三) 低压环形接线

将工厂内各车间变电所的低压侧通过低压联络线相互连接，就构成了环形。图 2-32 所示为一台变压器供电的低压环形接线方式。

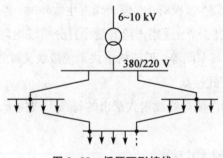

图 2-32　低压环形接线

低压环形接线的特点与高压环形接线相似，其供电可靠性高，但保护装置及整定配合复杂。因此，实际运行中大多数也采用"开口"方式运行。

以上介绍了低压配电线路的几种接线方式，各有优缺点。在实际应用中，往往是几种接线方式的有机组合。

【实施与考核】

实施过程：接受任务→学习本任务相关知识→回答考核问题。

考核问题：

(1)试比较放射式、树干式接线的优缺点。

(2)环形供电有哪些特点？

项目三　负荷计算与短路计算

【项目描述】

为确保电力系统安全、可靠、经济地运行，必须合理地选择各种电气设备，并对其进行必要的校验，同时还要对电力系统的继电保护装置进行整定，这就必须进行负荷计算和短路计算，以获得相关的参数。

任务一　负荷计算

【必备知识】

最大负荷电流是合理选择电气设备的一个最主要的参数。求解这个电流的过程称为"负荷计算"，这个电流称为"计算电流"（I_{max}），与之相关的负荷称为"计算负荷"，包括有功计算负荷（P_{max}）、无功计算负荷（Q_{max}）、视在计算负荷（S_{max}）。

由于只有持续时间在 30 min 以上的负荷，才可能构成导体的最高温升，因此设计中常采用"半小时最大负荷"作为计算负荷，即

有功计算负荷：

$$P_{max} = P_{30} \tag{3-1}$$

无功计算负荷：

$$Q_{max} = Q_{30} \tag{3-2}$$

视在计算负荷：

$$S_{max} = S_{30} \tag{3-3}$$

计算电流：

$$I_{max} = I_{30} \tag{3-4}$$

根据计算负荷选择导体及电器时，其实际运行中的最高温升不会超过允许值。

为了正确地计算负荷，有必要了解电力负荷的相关参数。

【技术手册】

一、负荷计算概述

(一)负荷曲线

负荷曲线是表征用电负荷随时间变动情况的一种曲线。按负荷性质的不同,可分为有功负荷曲线(纵坐标表示有功负荷值 kW)和无功负荷曲线(纵坐标表示无功负荷值 kvar);按负荷变动的时间不同,可分为日(24 h)负荷曲线和年(8760 h)负荷曲线;按负荷对象不同,可分为一台设备的、一个车间的或一个工厂的负荷曲线。

1. 日负荷曲线

日负荷曲线表示一昼夜(24 h)内负荷的变动情况,图 3-1 所示为某工厂的日有功负荷曲线。它有以下两种绘制方式。

①依点绘制。即在一定的时间间隔内,记录有功功率表读数的平均值,将这些点依次连接,如图 3-1(a)所示。

②梯形绘制。即在一定的时间间隔内,记录有功功率表读数的平均值,并假设在每个时间间隔中,负荷是保持该平均值不变的,如图 3-1(b)所示。

依点绘制接近实际,梯形绘制方便计算。

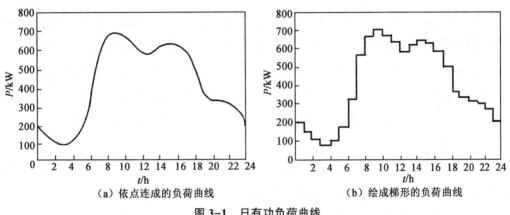

(a)依点连成的负荷曲线　　(b)绘成梯形的负荷曲线

图 3-1　日有功负荷曲线

2. 年负荷曲线

年负荷曲线反映全年(8760 h)的负荷变化情况,常用的有以下两种。

①年每日最大负荷曲线。即表示一年中每日最大负荷变动情形的负荷曲线,如图 3-2(a)所示。该曲线以日(1/1~31/12)为横坐标,以每日最大负荷为纵坐标,根据日负荷曲线间接绘制而成,能反映一年内不同的最大负荷值持续时间的长短和出现的时间段。

②年负荷持续时间曲线。即表示工厂全年负荷变动与负荷持续时间关系的曲线,如图 3-2(b)所示。该曲线以小时(8760 h)为横坐标,以负荷的大小为纵坐标,最大负荷在

左侧，随着负荷的递减顺次向右排列而绘成，能反映一年内不同负荷值所持续的时间长短，但不能反映该负荷出现的具体时间段。

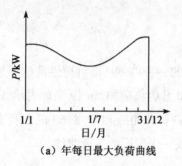
（a）年每日最大负荷曲线

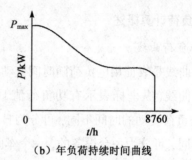
（b）年负荷持续时间曲线

图 3-2　年负荷曲线

这两种年负荷曲线各有不同的用途，前者主要用于系统运行（投、切变压器），后者主要用于系统分析。

（二）与负荷曲线有关的物理量

1. 年最大负荷（P_{max}，Q_{max}，S_{max}）

年最大负荷是指在全年负荷最大的工作班内，消耗电能最大的半个小时（30 min）的平均功率，也称为半小时最大负荷（P_{30}，Q_{30}，S_{30}）。

2. 年最大负荷利用小时（T_{max}）

年最大负荷利用小时是指假如以 P_{max}（P_{30}）持续运行了一段时间，所消耗的电能恰好等于全年实际消耗的电能，那么，这段时间就叫年最大负荷利用小时，如图 3-3 所示。

T_{max} 是一个假想的时间，其大小表明了工厂消耗电能是否均匀，T_{max} 越接近 8760 h，说明负荷越平稳。T_{max} 与工厂类型及生产班制有较大的关系，通常，一班制工厂 $T_{max}=$ 1800~2500 h；两班制工厂 $T_{max}=3500\sim4500$ h；三班制工厂 $T_{max}=5000\sim7000$ h。

3. 平均负荷（P_{av}）

平均负荷是指电力负荷在一段时间内消耗功率的平均值，年平均负荷是指电力负荷在一年（8760 h）内消耗功率的平均值，两者不一定相等。

图 3-4 为年平均负荷示意图。

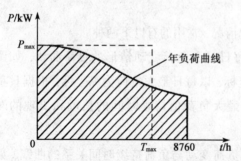
图 3-3　年最大负荷和年最大负荷利用小时

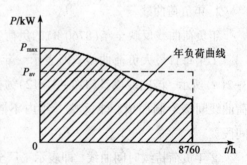
图 3-4　年平均负荷

4. 负荷系数(K_{L})

负荷系数又称负荷率,指平均负荷与最大负荷之比,它表征了负荷曲线波动的程度,也就是负荷变动的程度。负荷系数又分为有功负荷系数 α 和无功负荷系数 β:

$$\alpha = \frac{P_{\mathrm{av}}}{P_{\mathrm{max}}}, \quad \beta = \frac{Q_{\mathrm{av}}}{Q_{\mathrm{max}}} \tag{3-5}$$

式中,P_{av}——年有功平均负荷;

P_{max}——年有功最大负荷;

Q_{av}——年无功平均负荷;

Q_{max}——年无功最大负荷。

一般工厂 $\alpha = 0.70 \sim 0.75$,$\beta = 0.76 \sim 0.80$。负荷系数越接近1,表明负荷变动越平缓;反之,则表明负荷变动越剧烈。

(三)设备容量

为正确地进行负荷计算,需要将不同用电设备的额定功率换算到同一工作制下。换算后的功率称为"设备容量"P_{e}。换算方法如下:

(1)长期工作制设备,容量 P_{e} 等于其铭牌功率 P_{N}。

具有镇流器的照明设备,考虑到镇流器的损耗,换算方法略有不同:

①高压汞灯、高压钠灯、金属卤化物灯,设备容量为额定功率的1.1倍;

②荧光灯,设备容量为额定功率的1.2~1.3倍。

(2)短时工作制设备,容量 P_{e} 等于其铭牌功率 P_{N}。

(3)断续周期工作设备,其容量一般是对应某一标准暂载率的。如起重机用的电动机的容量对应的标准暂载率 $\varepsilon_{25} = 25\%$;电焊机的容量对应的标准暂载率 $\varepsilon_{100} = 100\%$(这是因为实用上推荐的需要系数等常用系数与这种暂载率是对应的),即

①对吊车电动机:

$$P_{\mathrm{e}} = \sqrt{\frac{\varepsilon_{\mathrm{N}}}{\varepsilon_{25}}} P_{\mathrm{N}} = 2\sqrt{\varepsilon_{\mathrm{N}}} P_{\mathrm{N}} \tag{3-6}$$

②对电焊机:

$$P_{\mathrm{e}} = \sqrt{\frac{\varepsilon_{\mathrm{N}}}{\varepsilon_{100}}} S_{\mathrm{N}} \cos\varphi = \sqrt{\varepsilon_{\mathrm{N}}} S_{\mathrm{N}} \cos\varphi \tag{3-7}$$

式中,P_{N},S_{N}——设备铭牌给出的额定功率(kW)、额定容量(kV·A);

ε_{N}——设备铭牌给出的额定暂载率;

$\cos\varphi$——设备的功率因数。

二、负荷计算方法

计算负荷的确定是否合理,直接影响到电气设备选择的合理性、经济性。如果计算

负荷确定的过大，将造成不必要的浪费；而计算负荷确定的过小，电气设备将不堪重负。因此，应根据不同的情况，选择正确的计算方法来确定计算负荷。

确定计算负荷的方法很多，目前常采用的有需要系数法和二项式系数法。

(一)需要系数法

1. 需要系数 K_d 的含义

用电设备的计算负荷 P_{30}，是指用电设备从供电系统中取用的半小时最大负荷，而用电设备的额定容量 $P_{e\Sigma}$，是指用电设备的最大输出容量，两者并不相等，这是因为：

①输出容量与输入容量之间存在一个效率 η；

②这些用电设备不可能同时运行，因此需要引入一个同时系数 K_Σ；

③运行的用电设备不太可能都满负荷，因此需要引入一个负荷系数 K_L；

④用电设备在运行时线路还有功耗，因此需要引入网络供电效率 η_{WL}。

于是，计算负荷 P_{30} 与额定容量之和 $P_{e\Sigma}$ 的关系为：

$$P_{30} = \frac{K_L K_\Sigma}{\eta \eta_{WL}} P_{e\Sigma} = K_d P_{e\Sigma}, \quad K_d = \frac{K_L K_\Sigma}{\eta \eta_{WL}} \tag{3-8}$$

从式(3-8)可知，K_d 是综合了上述几个影响计算负荷的因素而成的一个系数，称需要系数。

实际上，需要系数 K_d 不仅与上述几个影响计算负荷的因素有关，还与工人的技术熟练程度、生产组织等多种因素有关。

各种用电设备组的需要系数值可查阅相关手册。

2. 负荷计算

(1)单台设备的计算负荷(即图 3-5 中 E 点的计算负荷)。单台设备的需要系数不能按相关手册查取，这是因为此时的需要系数可能只包含了用电设备本身的效率 η，其影响需要系数的其他几个因素均可能为 1。因此，单台设备的计算负荷为：

$$P_{30} = \frac{P_e}{\eta} = \frac{P_N}{\eta} \tag{3-9}$$

$$Q_{30} = P_{30} \tan\varphi \tag{3-10}$$

$$S_{30} = \sqrt{P_{30}^2 + Q_{30}^2} \tag{3-11}$$

$$I_{30} = \frac{S_{30}}{\sqrt{3}\, U_N} \tag{3-12}$$

式中，P_e ——单台用电设备容量；

P_N ——用电设备额定功率；

η ——设备在额定负载下的效率；

$\tan\varphi$ ——设备铭牌给出的功率因数角正切值；

U_N——用电设备的额定电压。

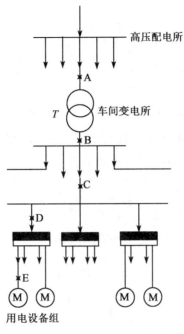

图 3-5 工厂供电系统中的各点

(2)用电设备组的计算负荷(即图3-5中D点的计算负荷)。为方便计算,把性质相同(即K_d相同)的用电设备合并成组,其计算负荷为:

$$P_{30} = K_d P_{e\Sigma} \tag{3-13}$$

$$Q_{30} = P_{30}\tan\varphi \tag{3-14}$$

$$S_{30} = \sqrt{P_{30}^2 + Q_{30}^2} \tag{3-15}$$

$$I_{30} = \frac{S_{30}}{\sqrt{3}\,U_N} \tag{3-16}$$

式中,$P_{e\Sigma}$——用电设备组设备容量之和(备用设备容量不计);

$\quad K_d$——该设备组的需要系数,可查相关手册;

$\quad U_N$——用电设备组的额定线电压;

$\quad \tan\varphi$——该用电设备组的功率因数角正切值,可查相关手册。

(3)低压干线的计算负荷(即图3-5中C点的计算负荷)。低压干线可能给多个不同性质(即K_d不同)的用电设备组供电,因此,各组的有功计算负荷、无功计算负荷应分别计算。考虑到各用电设备组最大负荷可能不同时出现,还应引入一个同时系数$K_{\Sigma 1}$(一般可取$K_{\Sigma 1} = 0.85 \sim 0.97$),其计算负荷为:

$$P_{30} = K_{\Sigma 1}\sum_{i=1}^{n} P_{30(i)} \tag{3-17}$$

$$Q_{30} = K_{\Sigma 1}\sum_{i=1}^{n} Q_{30(i)} \tag{3-18}$$

$$S_{30} = \sqrt{P_{30}^2 + Q_{30}^2} \tag{3-19}$$

$$I_{30} = \frac{S_{30}}{\sqrt{3}\, U_N} \tag{3-20}$$

式中，$P_{30(i)}$——各用电设备组的有功计算负荷；

  $Q_{30(i)}$——各用电设备组的无功计算负荷。

（4）低压母线的计算负荷（即图 3-5 中 B 点的计算负荷）。低压母线可能给多个低压干线供电，同样，考虑到各低压干线最大负荷可能不同时出现，因此再引入一个同时系数 $K_{\Sigma2}$（一般可取 $K_{\Sigma2} = 0.8 \sim 0.9$），其计算负荷为：

$$P_{30} = K_{\Sigma2} \sum_{i=1}^{n} P_{30(i)} \tag{3-21}$$

$$Q_{30} = K_{\Sigma2} \sum_{i=1}^{n} Q_{30(i)} \tag{3-22}$$

$$S_{30} = \sqrt{P_{30}^2 + Q_{30}^2} \tag{3-23}$$

$$I_{30} = \frac{S_{30}}{\sqrt{3}\, U_N} \tag{3-24}$$

式中，$P_{30(i)}$——各低压干线的有功计算负荷；

  $Q_{30(i)}$——各低压干线的无功计算负荷。

（5）全厂的计算负荷（即图 3-5 中 A 点的计算负荷）。全厂的计算负荷是指变压器高压侧的计算负荷，应包括变压器的损耗；但对于供电部门来说，全厂的计算负荷还应包括供电线路的损耗。

①电力变压器的损耗。工程设计中变压器的有功损耗和无功损耗通常用下式估算：

对普通变压器：

$$\Delta P_T \approx 0.02 S_{30}; \quad \Delta Q_T \approx 0.08 S_{30} \tag{3-25}$$

对低损耗变压器：

$$\Delta P_T \approx 0.015 S_{30}; \quad \Delta Q_T \approx 0.06 S_{30} \tag{3-26}$$

②线路损耗。供电线路的三相有功功率损耗和三相无功功率损耗分别为：

$$\Delta P_{WL} = 3 I_{30}^2 R_{WL} \times 10^{-3} \,(\text{kW}) \tag{3-27}$$

$$\Delta Q_{WL} = 3 I_{30}^2 X_{WL} \times 10^{-3} \,(\text{kvar}) \tag{3-28}$$

式中，I_{30}——线路的计算电流；

  R_{WL}——线路每相的电阻，$R_{WL} = R_0 l$，R_0 为线路单位长度的电阻，可查有关手册，l 为线路长度；

  X_{WL}——线路每相的电抗，$X_{WL} = X_0 l$，X_0 为线路单位长度的电抗值，可查有关手册。

例 3-1 某工厂由一台低损耗电力变压器供电，其高压侧（10 kV）采用 LGJ-70 型导线（导线的几何均距为 2.5 m）供电，线路长度为 12 km；低压侧（380 V）共有七个车间，基础数据如下：

（1）一车间低压干线上接有如下设备：

①小批量生产的金属冷加工机床电动机：7 kW 的有 3 台，4.5 kW 的有 8 台，2.8 kW 的有 17 台，1.7 kW 的有 10 台。

②吊车电动机：铭牌容量为 18 kW，$\varepsilon_N = 15\%$，共 2 台，一开一备。

③专用通风机：2.8 kW 的有 2 台。

（2）其他车间低压干线上的设备容量、相关参数见表 3-1。

表 3-1　其他车间低压干线上的设备容量、相关参数

序号	P_e/kW	K_d	$\cos\varphi$	$\tan\varphi$
二车间	449.7	0.49	0.78	0.8
三车间	533.0	0.68	0.88	0.54
四车间	309.1	0.41	0.92	0.43
五车间	410.3	0.54	0.84	0.65
六车间	886.7	0.65	0.73	0.94
七车间	488.8	0.4	0.9	0.48

试用需要系数法计算对于供电部门而言的全厂计算负荷。

解　1. 各车间低压干线上的计算负荷

（1）一车间低压干线上的计算负荷

①小批量生产的金属冷加工机床电动机组：

设备容量：$P_{e(1)} = 7 \times 3 + 4.5 \times 8 + 2.8 \times 17 + 1.7 \times 10 = 121.6（kW）$

查相关手册，取 $K_d = 0.2$，$\cos\varphi = 0.5$，$\tan\varphi = 1.73$，则

$$P_{30(1)} = K_d P_{e(1)} = 0.2 \times 121.6 = 24.3（kW）$$

$$Q_{30(1)} = P_{30(1)} \tan\varphi = 24.3 \times 1.73 = 42.0（kvar）$$

②吊车电动机组（备用容量不计入）：

设备容量：$P_{e(2)} = 2\sqrt{\varepsilon_N} P_N = 2 \times \sqrt{0.15} \times 18 = 13.9（kW）$

查相关手册，取 $K_d = 0.15$，$\cos\varphi = 0.5$，$\tan\varphi = 1.73$，则

$$P_{30(2)} = K_d P_{e(2)} = 0.15 \times 13.9 = 2.1（kW）$$

$$Q_{30(2)} = P_{30(2)} \tan\varphi = 2.1 \times 1.73 = 3.6（kvar）$$

③通风机组：

设备容量：$P_{e(3)} = 2 \times 2.8 = 5.6（kW）$

查相关手册，取 $K_d = 0.8$，$\cos\varphi = 0.8$，$\tan\varphi = 0.75$，则

$$P_{30(3)} = K_d P_{e(3)} = 0.8 \times 5.6 = 4.5（kW）$$

$$Q_{30(3)} = P_{30(3)} \tan\varphi = 4.5 \times 0.75 = 3.4（kvar）$$

取 $K_{\Sigma 1} = 0.9$，则一车间低压干线上的计算负荷为：

$$P_{30.1} = K_{\Sigma 1} \sum_{i=1}^{n} P_{30(i)} = 0.9 \times (24.3 + 2.1 + 4.5) = 27.8 \, (\text{kW})$$

$$Q_{30.1} = K_{\Sigma 1} \sum_{i=1}^{n} P_{30(i)} = 0.9 \times (42.0 + 3.6 + 3.4) = 44.1 \, (\text{kvar})$$

$$S_{30.1} = \sqrt{P_{30.1}^2 + Q_{30.1}^2} = \sqrt{27.8^2 + 44.1^2} = 52.1 \, (\text{kV} \cdot \text{A})$$

$$I_{30.1} = \frac{S_{30.1}}{\sqrt{3} \, U_{2N}} = \frac{52.1}{\sqrt{3} \times 0.38} = 79.2 \, (\text{A})$$

（2）其余车间计算过程相同（此处从略），计算结果见表3-2。

表3-2　其余车间计算结果

序号	P_{30}	Q_{30}	序号	P_{30}	Q_{30}
二车间	220.4	176.3	五车间	221.6	144.0
三车间	362.4	195.7	六车间	576.4	541.8
四车间	126.7	54.5	七车间	195.5	93.8

2. 变压器二次侧的计算负荷

取 $K_{\Sigma 2} = 0.8$，则变压器低压侧总的计算负荷为：

$$P_{30.T(2)} = K_{\Sigma 2} \sum_{i=1}^{n} P_{30.i} = K_{\Sigma 2}(P_{30.1} + P_{30.2} + P_{30.3} + P_{30.4} + P_{30.5} + P_{30.6} + P_{30.7})$$
$$= 0.8 \times (27.8 + 220.4 + 362.4 + 126.7 + 221.6 + 576.4 + 195.5) = 1384.6 \, (\text{kW})$$

$$Q_{30.T(2)} = K_{\Sigma 2} \sum_{i=1}^{n} Q_{30.i} = K_{\Sigma 2}(Q_{30.1} + Q_{30.2} + Q_{30.3} + Q_{30.4} + Q_{30.5} + Q_{30.6} + Q_{30.7})$$
$$= 0.8 \times (44.1 + 176.3 + 195.7 + 54.5 + 144.0 + 541.8 + 93.8) = 1000.2 \, (\text{kvar})$$

$$S_{30.T(2)} = \sqrt{P_{30.T(2)}^2 + Q_{30.T(2)}^2} = \sqrt{1384.6^2 + 1000.2^2} = 1708.1 \, (\text{kV} \cdot \text{A})$$

$$I_{30.T(2)} = \frac{S_{30.T(2)}}{\sqrt{3} \, U_{2N}} = \frac{1708.1}{\sqrt{3} \times 0.38} = 2595.3 \, (\text{A})$$

3. 电力变压器的损耗

低损耗变压器的有功损耗和无功损耗分别为：

$$\Delta P_{\text{T}} \approx 0.015 S_{30.T(2)} = 0.015 \times 1708.1 = 25.6 \, (\text{kW})$$

$$\Delta Q_{\text{T}} \approx 0.06 S_{30.T(2)} = 0.06 \times 1708.1 = 102.5 \, (\text{kvar})$$

4. 变压器高压侧（一次侧）计算负荷

$$P_{30.T(1)} = P_{30.T(2)} + \Delta P_{\text{T}} = 1384.6 + 25.6 = 1410.2 \, (\text{kW})$$

$$Q_{30.T(1)} = Q_{30.T(2)} + \Delta Q_{\text{T}} = 1000.2 + 102.5 = 1102.7 \, (\text{kvar})$$

$$S_{30.T(1)} = \sqrt{P_{30.T(1)}^2 + Q_{30.T(1)}^2} = \sqrt{1410.2^2 + 1102.7^2} = 1790.1 \, (\text{kV} \cdot \text{A})$$

$$I_{30.T(1)} = \frac{S_{30.T(1)}}{\sqrt{3}\,U_{1N}} = \frac{1790.1}{\sqrt{3}\times 10} = 103.4\,(\text{A})$$

5. 供电线路的损耗

查相关手册，LGJ-70 的 $R_0 = 0.48\ \Omega/\text{km}$，当几何均距为 2.5 m 时，$X_0 = 0.40\ \Omega/\text{km}$。则该线路的有功损耗和无功损耗分别为：

$$\Delta P_{WL} = 3I_{30.T(1)}^2 \times R_{WL} \times 10^{-3} = 3\times 103.4^2\times 0.48\times 12\times 10^{-3} = 184.8\,(\text{kW})$$

$$\Delta Q_{WL} = 3I_{30.T(1)}^2 X_{WL} \times 10^{-3} = 3\times 103.4^2\times 0.4\times 12\times 10^{-3} = 154.0\,(\text{kvar})$$

6. 对供电部门而言的全厂计算负荷

$$P_{30} = P_{30.T(1)} + \Delta P_{WL} = 1410.2 + 184.8 = 1595.0\,(\text{kW})$$

$$Q_{30} = Q_{30.T(1)} + \Delta Q_{WL} = 1102.7 + 154.0 = 1256.7\,(\text{kvar})$$

$$S_{30} = \sqrt{P_{30}^2 + Q_{30}^2} = \sqrt{1595.0^2 + 1256.7^2} = 2030.6\,(\text{kV}\cdot\text{A})$$

$$I_{30} = \frac{S_{30}}{\sqrt{3}\,U_{1N}} = \frac{2030.6}{\sqrt{3}\times 10} = 117.2\,(\text{A})$$

（二）二项式系数法

需要系数法的最大的优点是公式简单、计算方便，因此应用普遍。但是，该方法没有考虑到用电设备组中大容量电动机的运行特性对整个用电设备组计算负荷的影响，尤其是在总用电设备台数较少且容量差别很大时，用需要系数法计算的结果往往偏小。

为解决这个问题，提出了另一种负荷计算的方法——二项式系数法。

1. 用电设备组的计算负荷

二项式系数法在计算用电设备组的计算负荷时，公式如下：

$$P_{30} = bP_e + cP_x \tag{3-29}$$

$$Q_{30} = P_{30}\tan\varphi \tag{3-30}$$

$$S_{30} = \sqrt{P_{30}^2 + Q_{30}^2} \tag{3-31}$$

$$I_{30} = \frac{S_{30}}{\sqrt{3}\,U_N} \tag{3-32}$$

式中，b 和 c 是二项式中的两个系数，对 1 台或 2 台用电设备，可认为 $P_{30} = P_e$，即 $b = 1$，$c = 0$，其他可查相关手册；

bP_e——用电设备组的有功平均负荷，其中 P_e 是用电设备组的设备总容量；

cP_x——用电设备组中容量最大的 x 台用电设备所增加的附加负荷，其中 P_x 是 x 台容量最大的用电设备容量之和。

值得注意的是，如果设备的总台数 $n < 2x$，那么 x 宜适当减小，建议取 $x = n/2$，按照"四舍五入"规则取整。

2. 低压干线的计算负荷

二项式系数法在计算低压干线的计算负荷时，公式如下：

$$P_{30} = \sum_{i=1}^{n} (bP_e)_i + (cP_x)_{max} \tag{3-33}$$

$$Q_{30} = \sum_{i=1}^{n} (bP_e \tan\varphi)_i + (cP_x)_{max} \tan\varphi_{max} \tag{3-34}$$

$$S_{30} = \sqrt{P_{30}^2 + Q_{30}^2} \tag{3-35}$$

$$I_{30} = \frac{S_{30}}{\sqrt{3}\, U_N} \tag{3-36}$$

式中，$\sum\limits_{i=1}^{n} (bP_e)_i$ ——各用电设备组有功平均负荷之和；

$\sum\limits_{i=1}^{n} (bP_e \tan\varphi)_i$ ——各用电设备组无功平均负荷之和；

$(cP_x)_{max}$ ——各用电设备组中最大的有功附加负荷；

$\tan\varphi_{max}$ ——对应 $(cP_x)_{max}$ 那一组的功率因数角的正切值。

例 3-2 用二项式法计算例 3-1 中一车间低压干线上的计算负荷。

解 （1）冷加工机床组。

查相关手册，取 $b=0.14$，$c=0.4$，$x=5$，$\cos\varphi=0.5$，$\tan\varphi=1.73$。

设备容量：$P_e = 7\times3+4.5\times8+2.8\times17+1.7\times10 = 121.6(kW)$。

x 台（5 台）容量最大的用电设备容量：$P_x = 7\times3+4.5\times2 = 30.0(kW)$，则

$$(bP_e)_1 = 0.14\times121.6 = 17.0(kW)$$

$$(cP_x)_1 = 0.4\times30 = 12.0(kW)$$

（2）吊车组。

因为 2 台吊车电动机一开一备，即实际只有一台用电设备，所以取 $b=1$，$c=0$，查表可知：$\cos\varphi=0.5$，$\tan\varphi=1.73$，则

$$(bP_e)_2 = 1\times13.94+0\times13.94 = 13.9(kW)$$

$$(cP_x)_2 = 0\times13.94 = 0(kvar)$$

（3）通风机组。

取 $b=1$，$c=0$，查表可知：$\cos\varphi=0.80$，$\tan\varphi=0.75$，则

$$(bP_e)_3 = 1\times5.6 = 5.6(kW)$$

$$(cP_x)_3 = 0\times5.6 = 0(kvar)$$

比较各组 cP_x 可知，冷加工机床组的 $(cP_x)_1$ 最大，因此低压干线总计算负荷

$$P_{30} = \sum_{i=1}^{n} (bP_e)_i + (cP_x)_{max} = (17.0 + 13.9 + 5.6) + 12.0 = 48.5(kW)$$

$$Q_{30} = \sum_{i=1}^{n} (bP_e \tan\varphi)_i + (cP_x)_{max} \tan\varphi_{max}$$

$$= (17.0 \times 1.73 + 13.9 \times 1.73 + 5.6 \times 0.75) + 12.0 \times 1.73 = 78.4(\text{kvar})$$

$$S_{30} = \sqrt{P_{30}^2 + Q_{30}^2} = \sqrt{48.5^2 + 78.4^2} = 92.2(\text{kV} \cdot \text{A})$$

$$I_{30} = \frac{S_{30}}{\sqrt{3} U_N} = \frac{92.2}{\sqrt{3} \times 0.38} = 140.1(\text{A})$$

比较例 3-2 和例 3-1 的计算结果可以看出,按二项式系数法计算的结果比按需要系数法计算的结果大。

三、单相计算负荷的确定

在工厂的用电设备中,除了广泛应用三相设备(如三相交流电机),还有不少单相用电设备(如照明、电焊机、单相电炉等)。这些单相用电设备有的接在相电压上,有的接在线电压上。计算时,常将这些单相设备容量换算成三相设备容量以确定其计算负荷,具体方法如下。

(1)如果单相用电设备的容量小于三相设备总容量的 15%,按三相平衡负荷计算,不必换算。

(2)对接在相电压上的单相用电设备,应尽量使各单相负荷均匀分配在三相上,然后将安装在最大负荷相上的单相设备容量乘以 3,即为等效三相设备容量。

(3)在同一线电压上的单相设备,等效三相设备容量为该单相设备容量的 $\sqrt{3}$ 倍。

(4)单相设备既接在线电压上,又接在相电压上,应先将接在线电压上的单相设备容量换算为接在相电压上的单相设备容量,然后分相计算各相的设备容量和计算负荷。而总的等效三相有功计算负荷就是最大有功计算负荷相的有功计算负荷的 3 倍,总的等效三相无功计算负荷就是对应最大有功负荷相的无功计算负荷的 3 倍,最后再计算出 S_{30} 和 I_{30}。

四、功率因数及其提高方法

(一)功率因数($\cos\varphi$)

功率因数反映了用电设备在消耗了一定数量有功功率的同时,向供电系统取用无功功率的数量。其值越高(如 $\cos\varphi = 0.9$),取用的无功功率越少;其值越低(如 $\cos\varphi = 0.5$),取用的无功功率越多。

1. 瞬时功率因数

瞬时功率因数是功率因数的瞬时值,其大小可由功率因数表直接读出,也可由有功功率表、电流表、电压表的读数间接算出。

瞬时功率因数可用来了解和分析生产过程中无功功率的变化情况,以便采取相应的补偿措施。

2. 平均功率因数

平均功率因数是指某一规定的时间内(如一个月)功率因数的平均值,即

$$\cos\varphi = \frac{W_p}{\sqrt{W_p^2 + W_q^2}} = \frac{1}{\sqrt{1 + \left(\frac{W_q}{W_p}\right)^2}} \quad (3-37)$$

式中,W_p——规定时间内消耗的有功电能(kW·h),由有功电度表获得;

W_q——规定时间内消耗的无功电能(kvar·h),由无功电度表获得。

平均功率因数是电力部门每月向企业收取电费时调整收费标准的依据。

3. 最大负荷功率因数

最大负荷功率因数指系统的负荷,是年最大负荷时的功率因数,可依据最大负荷 $P_{max}(P_{30})$ 确定,即

$$\cos\varphi = \frac{P_{30}}{S_{30}} \quad (3-38)$$

最大负荷功率因数是设计单位确定无功补偿容量的依据。

我国规定:容量 100 kV·A 及以上高压供电的用户,最大负荷功率因数 $\cos\varphi \geq 0.90$;其他工厂,$\cos\varphi \geq 0.85$;农村用电,$\cos\varphi \geq 0.80$。

(二)功率因数的提高方法

功率因数过低对供电系统是很不利的,它使供电设备(如变压器、输电线路等)电能损耗增加,供电电网的电压损失加大,同时也降低了供电设备的供电能力。因此提高功率因数对节约电能、提高经济效益具有重要的意义。提高功率因数的方法有以下两大类。

1. 提高自然功率因数

自然功率因数是指系统未装设任何补偿设备时的功率因数。提高自然功率因数的方法主要有三方面:一是正确选择异步电动机的型号和容量,使其接近满载运行;二是充分利用变压器容量,避免轻载运行;三是尽量减少感性负载。

但是,由于工厂中大量使用感应电动机、变压器、电焊机、线路仪表等,感性负载占的比重较大,因此,自然功率因数的提高往往有限。当采用提高自然功率因数方法无法满足要求时,需采用无功补偿装置来提高功率因数。

2. 无功补偿

常用的无功补偿方法有以下两种。

(1)采用同步电动机作无功补偿。同步电动机在过励磁方式下运行时,可向电力系统提供无功功率。但是,同步电动机附有启动控制设备,其结构复杂、维护工作量大,是否采用这种方式可通过比较技术难度和经济性决定。对于轧钢机的电动发动机组、球磨机、空压机、鼓风机、水泵等低速、恒速、长期连续工作的设备,当其容量在 250 kW 以上时,采用同步电机拖动提高功率因数的效果明显;对于小容量的高速同步电动机,采

用这种方式则不经济,提高功率因数的效果也不明显,故不宜采用。

(2)并联电容器进行无功补偿。用静电电容器(或称移相电容器、电力电容器)进行无功补偿,是目前应用最广泛的一种方式,其原理如图3-6所示。

补偿前的功率因数为:

$$\cos\varphi = \frac{P_{30}}{S_{30}}$$

补偿后的功率因数为:

$$\cos\varphi' = \frac{P'_{30}}{S'_{30}} + \frac{P_{30}}{S'_{30}}$$

显然,由于加装了无功补偿装置,无功功率由 Q_{30} 减少到 Q'_{30},视在功率也由 S_{30} 相应地减少到 S'_{30},使得功率因数从 $\cos\varphi$ 提高到 $\cos\varphi'$。减少的部分称为无功功率补偿的容量 Q_c,即

$$Q_c = Q_{30} - Q'_{30} = P_{30}(\tan\varphi - \tan\varphi') = P_{30}\Delta q_c \qquad (3-39)$$

式中,$\tan\varphi$, $\tan\varphi'$——补偿前、后功率因数角的正切值;

Δq_c ——无功补偿率,它表示功率因数由 $\cos\varphi$ 提高到 $\cos\varphi'$ 时,单位有功功率所需补偿的无功功率,$\Delta q_c = \tan\varphi - \tan\varphi'$,其单位为 kvar/kW,其值可查附表。

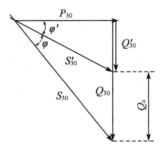

图3-6 无功功率的补偿

计算出补偿容量后,可根据所选电容器单个容量确定电容器的个数,即

$$n = \frac{Q_c}{q_c} \qquad (3-40)$$

式中,n ——电容器的个数,若为单相电容器,应按照"接近偏大"原则取3的倍数(以便三相均衡分配)确定;

Q_c ——计算的补偿容量;

q_c ——单个电容器在运行电压下的实际容量。

应当说明的是,电容器的实际容量不一定就是其额定容量。这是因为电容器的实际容量与其实际运行电压有关,即

$$q_c = q_N \left(\frac{U}{U_N} \right)^2 \tag{3-41}$$

式中，q_N——电容器铭牌上的额定容量；

U——电容器的实际运行电压，$U \leq U_N$；

U_N——电容器的额定电压。

按照电容器装设部位不同，补偿方式有以下三种。

①单独补偿(又称就地补偿)：指将电容器分别安装在各用电设备附近的补偿方式。这种方式补偿效果好，但投资大、不易管理，只适用于个别补偿容量大的用电设备。

②低压集中补偿：指将电容器集中安装在变压器低压母线上的补偿方式。这种方式补偿效果一般，但投资较少、便于维护，适用于用电负荷分散、补偿容量不大的场合。

③高压集中补偿：指将电容器集中安装在总降压变电所 6~10 kV 高压母线上的补偿方式。这种方式适用于负荷较集中、离配电母线较近、补偿容量较大、用户本身又有一定的高压负荷的场合。与低压集中补偿相比，高压集中补偿应用更广泛。

例 3-3　试计算例 3-1 中变压器高压侧的自然功率因数。若采用 BW0.4-14-1 型电容器在低压侧集中补偿，需多少个？补偿后变压器高压侧的功率因数是多少？

解　1. 自然功率因数

由例 3-1 知，补偿前变压器高压侧的功率因数为：

$$\cos\varphi = \frac{P_{30.T(1)}}{S_{30.T(1)}} = \frac{1410.2}{1790.1} = 0.79$$

按照规定，工厂(变压器高压侧)的功率因数不得低于 0.90，因此，必须进行人工补偿。

2. 补偿电容器数量的确定

理论补偿容量为：

$$Q_c = P_{30.T(1)}(\tan\varphi - \tan\varphi') = 1410.2 \times [\tan \cdot (\text{arc}\cos0.79) - \tan \cdot (\text{arc}\cos0.9)] = 411.8(\text{kvar})$$

BW0.4-14-1 型电容器的实际容量

$$q_c = q_N \left(\frac{U}{U_N} \right)^2 = 14 \times \left(\frac{0.38}{0.4} \right)^2 = 12.6(\text{kvar})$$

电容器的个数

$$n = \frac{Q_c}{q_c} = \frac{411.8}{12.6} = 32.7(\text{个})$$

按照"接近偏大"原则取 3 的倍数，取 $n = 33$ 个，每相装设 11 个。

3. 补偿后的功率因数

实际补偿的容量

$$Q_c' = nq_c = 33 \times 12.6 = 415.8(\text{kvar})$$

补偿后低压侧的计算负荷

$$P'_{30.T(2)} = P_{30.T(2)} = 1384.6(\text{kW})$$

$$Q'_{30.T(2)} = Q_{30.T(2)} - Q'_c = 1000.2 - 415.8 = 584.4(\text{kvar})$$

$$S'_{30.T(2)} = \sqrt{P'^2_{30.T(2)} + Q'^2_{30.T(2)}} = \sqrt{1384.6^2 + 584.4^2} = 1502.9(\text{kV} \cdot \text{A})$$

变压器损耗

$$\Delta P'_T \approx 0.015 S'_{30.T(2)} = 0.015 \times 1502.9 = 22.5(\text{kW})$$

$$\Delta Q'_T \approx 0.06 S'_{30.T(2)} = 0.06 \times 1502.9 = 90.2(\text{kvar})$$

补偿后高压侧的计算负荷

$$P'_{30.T(1)} = P'_{30.T(2)} + \Delta P'_T = 1384.6 + 22.5 = 1407.1(\text{kW})$$

$$Q'_{30.T(1)} = Q'_{30.T(2)} + \Delta Q'_T = 584.4 + 90.2 = 674.6(\text{kvar})$$

$$S'_{30.T(1)} = \sqrt{P'^2_{30.T(1)} + Q'^2_{30.T(1)}} = \sqrt{1407.1^2 + 674.6^2} = 1560.5(\text{kV} \cdot \text{A})$$

补偿后的功率因数

$$\cos\varphi' = \frac{P'_{30.T(1)}}{S'_{30.T(1)}} = \frac{1407.1}{1560.5} = 0.902 > 0.90$$

五、尖峰电流的计算

由于电动机的启动、电压波动等方面的原因，系统中会出现持续时间较短($1 \sim 2$ s)、幅值较大(可达计算电流的几倍)的电流，这种电流称为尖峰电流(I_{pk})。尖峰电流是选择熔断器、整定自动空气开关、整定继电保护装置以及计算电压波动的重要依据。

(一)单台设备尖峰电流的计算

单台电动机或电焊机的尖峰电流就是其启动电流，即

$$I_{pk} = I_{st} = K_{st} I_N \tag{3-42}$$

式中，I_N——用电设备的额定电流；

$\quad\quad I_{st}$——用电设备的启动电流；

$\quad\quad K_{st}$——用电设备的启动电流倍数，可查产品样本或设备铭牌。

(二)多台设备尖峰电流的计算

多台电动机的尖峰电流可按下式计算：

$$I_{pk} = I_{30} + (I_{st} - I_N)_{max} \tag{3-43}$$

式中，$(I_{st}-I_N)_{max}$——用电设备中$(I_{st}-I_N)$最大者；

$\quad\quad I_{30}$——线路上的计算电流。$I_{30} = K_\Sigma \sum I_N$，其中$K_\Sigma$为多台设备的同时系数，按照台数的多少可取$K_\Sigma = 0.7 \sim 1.0$。

例3-4 一条380 V的线路供电给4台电动机，负荷资料如表3-3所列。试计算该380 V线路上的尖峰电流。

表 3-3　电动机负荷资料

参数	电动机			
	M1	M2	M3	M4
额定电流/A	5.8	5	35.8	27.6
启动电流/A	40.6	35	197	193.2

解　由上表可知，M4 的 $(I_{st}-I_N)=193.2-27.6=165.6(A)$ 为最大。

取 $K_\Sigma=0.9$，则 $I_{30}=K_\Sigma\sum I_N=0.9\times(5.8+5+35.8+27.6)=66.78(A)$，尖峰电流 $I_{pk}=I_{30}+(I_{st}-I_N)_{max}=66.78+(193.2-27.6)=232.38(A)$

【实施与考核】

实施过程：接受任务→学习本任务相关知识→回答考核问题。

考核问题：

(1)什么是负荷系数？它表征了什么？

(2)什么是用电设备的设备容量？它与该台设备额定容量之间是什么关系？

(3)单相计算负荷如何确定？

(4)确定计算负荷的需要系数法和二项式系数法分别适用于什么场合？

(5)瞬时功率因数、平均功率因数、最大负荷功率因数分别有什么用途？

(6)提高功率因数有何意义？

(7)什么是尖峰电流？计算尖峰电流有何意义？

(8)某厂变电所有一台低损耗变压器，其低压侧有功计算负荷为 1387 kW，无功计算负荷为 982 kvar。按规定，工厂的功率因数(即高压侧的功率因数)不得低于 0.9，问低压侧需补偿多大的无功容量才能满足要求？

任务二　短路计算

【必备知识】

在供电系统的设计和运行中，需要进行短路电流计算，这是因为：

(1)选择电气设备和载流导体时，需用短路电流校验其动稳定性和热稳定性，以保证在发生可能的最大短路电流时不至于损坏；

(2)选择和整定用于短路保护的继电保护装置时，需应用短路电流参数；

(3)选择用于限制短路电流的设备时，也需进行短路电流计算。

一、短路问题概述

短路是指不同电位的导体之间低阻性、非正常短接。

(一)短路的原因

造成短路的原因有很多,主要有以下几个。

(1)绝缘损坏。如绝缘自然老化、绝缘强度不够而被正常电压击穿、绝缘正常而被过电压(如雷电过电压)击穿等。

(2)误操作。如带负荷操作隔离开关等。

(3)外力作用。如风、雪等原因造成的电力线路断线和倒杆事故。

此外,导致短路的原因还有鸟兽跨越在裸露的相线之间或相线与接地体之间,咬坏绝缘,等等。

(二)短路的类型

三相系统中发生的短路类型有4种。

(1)三相短路。三相短路是对称短路,用 $k^{(3)}$ 表示,如图 3-7(a)所示。三相短路发生的概率最小,只有5%左右,但它却是危害最严重的短路形式。

(2)两相短路。两相短路是不对称短路,用 $k^{(2)}$ 表示,如图 3-7(b)所示。两相短路发生的概率约在 10%~15%。

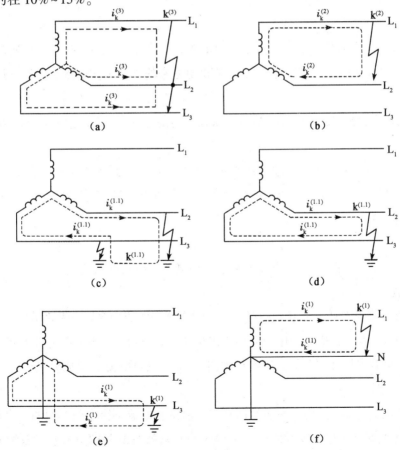

图 3-7 短路的类型

（3）两相接地短路。两相接地短路也是一种不对称短路，用 $k^{(1.1)}$ 表示，如图 3-7（c）和 3-7（d）所示。两相接地短路发生的概率约在 10%~20%。

（4）单相接地短路。单相接地短路也是一种不对称短路，用 $k^{(1)}$ 表示，如图 3-7（e）和 3-7（f）所示。单相接地短路发生的概率最高，约占短路故障的 65%~70%。

（三）短路的危害

电力系统发生短路时，短路电流可能超过该回路正常工作电流的十几倍甚至几十倍，对供电系统的危害极大。短路的危害主要表现在以下几方面。

（1）产生很大的热效应和电动力。短路电流使导体温度急剧升高，从而破坏设备绝缘或烧毁电气设备；强大的电动力会使导体变形甚至损坏。

（2）系统电压骤降或停电，严重影响电气设备的正常运行。

（3）可能使并联运行的发电机组失去同步，甚至造成系统解列。

（4）不对称短路电流产生的不平衡磁场，会对附近的通信线路、电子设备及其他弱电控制系统产生干扰。

二、短路过程及相关参数

（一）三相短路过程的分析

电力系统发生短路时，系统由原来的正常工作状态（常态）经过一个短暂的过渡过程（暂态），进入短路稳定状态（稳态），电流也由原来的正常工作电流经过暂态过程达到新的稳态值。

为了分析方便，设电源系统是无限大容量系统，即在短路过程中电源电压和频率不变。

实际上，真正的无限大容量系统是不存在的，但电力系统的电源总阻抗不超过短路电路总阻抗的 5%~10% 或电力系统容量超过用户系统容量 50 倍时，可将电力系统视为无限大容量系统。

1. 常态

系统正常运行时，电路中电流取决于电源电压和回路的阻抗。

2. 暂态

当发生三相短路时，系统进入暂态，此时电路中电流包含以下两部分。

（1）周期分量：指由电源电压和回路阻抗决定的电流。由于电源电压不变，而回路的阻抗很小（负载阻抗和部分线路阻抗被短路），所以短路电流的周期分量很大，而且在短路全过程中维持不变。

（2）非周期分量：是为了使感性回路中的磁链和电流不突变而产生的一个感生电流。它的值在短路瞬间最大，接着便以一定的时间常数按指数规律衰减，一般经 0.2 s 衰减为零。

3. 稳态

当非周期分量衰减为零时，暂态过程结束，系统进入稳态，此时电路中电流只有短路电流的周期分量。

图 3-8 表示了无限大容量电源系统发生三相短路前后电流、电压的变化曲线。

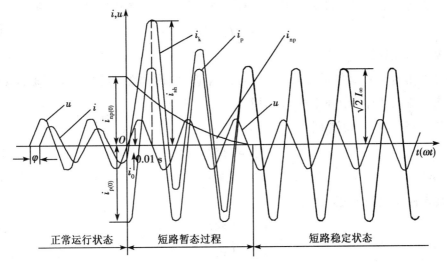

图 3-8 无限大容量电源系统发生三相短路前后电流、电压的变化

(二) 三相短路的相关参数

1. 短路电流周期分量 i_{p}

短路电流周期分量的有效值 I_{P} 为：

$$I_{\text{P}} = \frac{U_{\text{c}}}{\sqrt{3}\,|Z_{\Sigma}|} = \frac{U_{\text{c}}}{\sqrt{3}\sqrt{R_{\Sigma}^2 + X_{\Sigma}^2}} \qquad (3-44)$$

式中，U_{c}——短路点的计算电压，一般取 $U_{\text{c}} = (1+5\%)\,U_{\text{N}}$，$U_{\text{N}}$ 为线路额定电压。

Z_{Σ}——回路总阻抗。

R_{Σ}——回路总电阻。通常在高压电路中 $R_{\Sigma} \ll X_{\Sigma}$，所以忽略不计；低压电路中当

$R_{\Sigma} \leqslant \dfrac{X_{\Sigma}}{3}$时，也可忽略不计。

X_{Σ}——回路总电抗。

2. **短路次暂态电流 i''**

短路次暂态电流，是指短路后第一个周期的短路电流周期分量。在无限大容量电源系统中，二者相等，其有效值

$$I'' = I_{\text{P}} \qquad (3-45)$$

3. **短路电流非周期分量**

$$i_{\text{np}} \approx \sqrt{2}\,I''\,\text{e}^{-\frac{t}{\tau}} \qquad (3-46)$$

式中，τ——非周期分量衰减时间常数。

4. 短路电流 i_k

任一瞬间的短路电流 i_k 为其周期分量 i_p 和非周期分量 i_{np} 之和。即

$$i_k = i_p + i_{np} \tag{3-47}$$

由于稳态时 $i_{np} = 0$，则此时短路电流有效值 I_k 又称为短路稳态电流有效值 I_∞，即

$$I_k = I_\infty = I_p \tag{3-48}$$

5. 短路冲击电流 i_{sh}

短路冲击电流 i_{sh} 是指最大的短路电流瞬时值，它出现在短路后半个周期（0.01 s）。短路冲击电流及其有效值通常按下式计算。

高压电路发生三相短路时：

$$i_{sh}^{(3)} = 2.55 I''^{(3)} \tag{3-49}$$

$$I_{sh}^{(3)} = 1.51 I''^{(3)} \tag{3-50}$$

低压电路发生三相短路时：

$$i_{sh}^{(3)} = 1.84 I''^{(3)} \tag{3-51}$$

$$I_{sh}^{(3)} = 1.09 I''^{(3)} \tag{3-52}$$

6. 短路容量 S_k

$$S_k^{(3)} = \sqrt{3}\, U_c I_k^{(3)} \tag{3-53}$$

【技术手册】

一、三相短路电流的计算方法

三相短路电流常用的计算方法有欧姆法和标幺制法两种。欧姆法是最基本的短路计算方法，适用于两个及两个以下电压等级的供电系统；而标幺制法适用于多个电压等级的供电系统。

短路计算中，有关物理量一般采用以下单位：电流为"千安"（kA）；电压为"千伏"（kV）；短路容量和断流容量为"兆伏安"（MV·A）；设备容量为"千瓦"（kW）或"千伏安"（kV·A）；阻抗为"欧姆"（Ω）等。

（一）欧姆法

欧姆法是因其短路计算中的阻抗都采用有名单位"欧姆"而得名的。

1. 供电系统元件阻抗的计算

（1）电力系统的阻抗。电力系统的电阻相对于电抗来说很小，可不计。故其阻抗为：

$$Z_s \approx X_s = \frac{U_c^2}{S_{oc}} \tag{3-54}$$

式中，U_c——高压馈电线的短路计算电压，为了便于计算，U_c 可以直接采用短路点的短

路计算电压；

S_{oc}——系统出口断路器的断流容量，可查有关的手册或产品样本。若只能查到系统出口断路器的开断电流 I_{oc}，则其断流容量 $S_{oc} = \sqrt{3} I_{oc} U_N$，$U_N$ 为断路器的额定电压。

（2）电力变压器的阻抗。

①变压器的电阻 R_T 为：

$$R_T \approx \Delta P_k \left(\frac{U_c}{S_N}\right)^2 \tag{3-55}$$

式中，U_c——短路点的短路计算电压；

S_N——变压器的额定容量；

ΔP_k——变压器的短路损耗，可以从有关手册和产品样本中查得。常用变压器技术数据，可查相关手册。

②变压器的电抗 X_T 为：

$$X_T \approx \frac{U_k\% U_c^2}{S_N} \tag{3-56}$$

式中，$U_k\%$——变压器的短路电压，可从有关手册和产品样本中查得。

（3）电力线路的阻抗。

①线路的电阻 R_{WL}，可由线路长度 l 和导线或电缆的单位长度电阻 R_0 求得，即

$$R_{WL} = R_0 l \tag{3-57}$$

②线路的电抗 X_{WL}，可由线路长度 l 和导线或电缆的单位长度电抗 X_0 求得，即

$$X_{WL} = X_0 l \tag{3-58}$$

如果线路的数据不详，对于 35 kV 以下高压线路，架空线取 $X_0 = 0.38$ Ω/km，电缆取 0.08 Ω/km；对于低压线路，架空线取 0.32 Ω/km，电缆取 0.066 Ω/km。

（4）电抗器的阻抗。由于电抗器的电阻很小，故只需计算其电抗值：

$$X_R = \frac{X_R\% U_N}{\sqrt{3} I_N} \tag{3-59}$$

式中，$X_R\%$——电抗器的电抗百分值；

U_N——电抗器的额定电压；

I_N——电抗器的额定电流。

需要注意的是，在计算短路电路阻抗时，若电路中含有变压器，则各元件阻抗都应统一换算到短路点的短路计算电压去。阻抗换算的公式为：

$$R' = R \left(\frac{U_c'}{U_c}\right)^2 \tag{3-60}$$

$$X' = X\left(\frac{U_{c}'}{U_{c}}\right)^{2} \tag{3-61}$$

式中, R, X, U_{c}——换算前元件电阻、电抗及元件所在处的短路计算电压;

R', X', U_{c}'——换算后元件电阻、电抗及元件所在处的短路计算电压。

短路计算中所考虑的几个元件的阻抗,只有电力线路和电抗器的阻抗需要换算。对于电力系统和电力变压器的阻抗,由于它们的计算公式中均含有 U_{c}^{2},因此计算阻抗时,公式中 U_{c} 直接代以短路点的计算电压,就相当于阻抗已经换算到短路点一侧了。

2. 欧姆法短路计算步骤

(1)绘出计算电路图,标出各元件的额定参数,确定短路计算点。短路计算点应选择在可能产生最大短路电流的地方。一般来说,高压侧选在高压母线位置,低压侧选在低压母线位置;系统中装有限流电抗器时,应选在电抗器之后。

(2)绘出等效电路图(简单电路可不绘)。

(3)计算电路中各主要元件的阻抗。

(4)计算三相短路电流周期分量、三相次暂态短路电流、三相短路稳态电流、短路冲击电流和短路容量。

例 3-5 某供电系统如图 3-9 所示。已知电力系统出口断路器采用 SN10-10 Ⅱ 型,试用欧姆法计算变压器高压侧 k-1 点、低压侧 k-2 点的三相短路电流和短路容量。

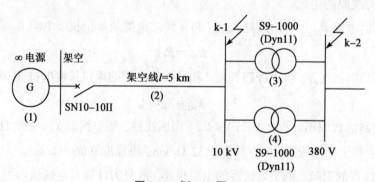

图 3-9 例 3-5 图

解 查相关手册可知, SN10-10 Ⅱ 型断路器的断流容量为 500 MV·A。

k-1 点的短路计算电压

$$U_{c1} = (1+5\%) U_{N1} = (1+5\%) \times 10 = 10.5 (\text{kV})$$

k-2 点的短路计算电压

$$U_{c2} = (1+5\%) U_{N2} = (1+5\%) \times 0.38 = 0.4 (\text{kV})$$

(1)k-1 点。

①回路中各元件的电抗及总电抗。

电力系统电抗

$$X_1 = \frac{U_{c1}^2}{S_{oc}} = \frac{10.5^2}{500} = 0.22(\Omega)$$

架空线路电抗

$$X_2 = X_0 l = 0.38 \times 5 = 1.9(\Omega)$$

总电抗

$$X_{\Sigma 1} = X_1 + X_2 = 0.22 + 1.9 = 2.12(\Omega)$$

②k-1 点的三相短路电流和短路容量。

三相短路电流周期分量的有效值

$$I_{k-1}^{(3)} = \frac{U_{c1}}{\sqrt{3} X_{\Sigma 1}} = \frac{10.5}{\sqrt{3} \times 2.12} = 2.86(kA)$$

三相次暂态短路电流和短路稳态电流

$$I''^{(3)} = I_{\infty}^{(3)} = I_{k-1}^{(3)} = 2.86(kA)$$

三相短路冲击电流

$$i_{sh}^{(3)} = 2.55 I''^{(3)} = 2.55 \times 2.86 = 7.29(kA)$$

$$I_{sh}^{(3)} = 1.51 I''^{(3)} = 1.51 \times 2.86 = 4.32(kA)$$

三相短路容量

$$S_{k-1}^{(3)} = \sqrt{3} U_{c1} I_{k-1}^{(3)} = \sqrt{3} \times 10.5 \times 2.86 = 52.0(MV \cdot A)$$

（2）k-2 点。

①回路中各元件的电抗及总电抗。

电力系统电抗

$$X_1' = X_1 \left(\frac{U_{c2}}{U_{c1}}\right)^2 = \frac{U_{c1}^2}{U_{c1}} \cdot \left(\frac{U_{c2}^2}{S_{oc}}\right)^2 = \frac{U_{c2}^2}{S_{oc}} = \frac{0.4^2}{500} = 3.2 \times 10^{-4}(\Omega)$$

架空线路电抗

$$X_2' = X_2 \left(\frac{U_{c2}}{U_{c1}}\right)^2 = 1.9 \times \left(\frac{0.4}{10.5}\right)^2 = 2.76 \times 10^{-3}(\Omega)$$

电力变压器电抗：由相关手册知其 $U_k\% = 5\%$，则

$$X_3 = X_4 \approx \frac{U_k\% U_{c2}^2}{S_N} = 5\% \times 0.4^2 / 1000 = 8 \times 10^{-3}(\Omega)$$

总电抗

$$X_{\Sigma 2} = X_1' + X_2' + X_3 // X_4 = 3.2 \times 10^{-4} + 2.76 \times 10^{-3} + 4 \times 10^{-3} = 7.08 \times 10^{-3}(\Omega)$$

②k-2 点的三相短路电流和短路容量。

三相短路电流周期分量的有效值

$$I_{k-2}^{(3)} = \frac{U_{c2}}{\sqrt{3} X_{\Sigma 2}} = \frac{0.4}{\sqrt{3} \times 7.08 \times 10^{-3}} = 32.62(kA)$$

三相次暂态短路电流及短路稳态电流

$$I''^{(3)} = I_\infty^{(3)} = I_{k-2}^{(3)} = 32.62(\text{kA})$$

三相短路冲击电流

$$i_{sh}^{(3)} = 1.84 I''^{(3)} = 1.84 \times 32.62 = 60.62(\text{kA})$$

$$I_{sh}^{(3)} = 1.09 I''^{(3)} = 1.09 \times 32.62 = 35.56(\text{kA})$$

三相短路容量

$$S_{k-2}^{(3)} = \sqrt{3}\, U_{c2} I_{k-2}^{(3)} = \sqrt{3} \times 0.4 \times 32.62 = 22.60(\text{MV} \cdot \text{A})$$

(二)标幺制法

标幺制法是相对欧姆法来说的,因其短路计算中的有关物理量采用标幺值而得名。

1.标幺值

标幺值是指某一物理量的实际值与所选定的基准值的比值。它是一个相对量,没有单位。标幺值用上标"*"表示,基准值用下标"d"表示。

通常,工程设计中取容量的基准值 $S_d = 100\ \text{MV} \cdot \text{A}$;电压的基准值 $U_d = U_c$。于是:

基准电流

$$I_d = \frac{S_d}{\sqrt{3}\, U_d} \tag{3-62}$$

基准电抗

$$X_d = \frac{U_d}{\sqrt{3}\, I_d} = \frac{U_d^2}{S_d} = \frac{U_c^2}{S_d} \tag{3-63}$$

2.电抗标幺值的计算

(1)电力系统电抗标幺值

$$X_s^* = \frac{X_s}{X_d} = \frac{\dfrac{U_c^2}{S_{oc}}}{\dfrac{U_c^2}{S_d}} = \frac{S_d}{S_{oc}} \tag{3-64}$$

(2)电力变压器电抗标幺值

$$X_T^* = \frac{X_T}{X_d} = \frac{\dfrac{U_k\% U_c^2}{S_N}}{\dfrac{U_c^2}{S_d}} = \frac{U_k\% S_d}{S_N} \tag{3-65}$$

(3)电力线路电抗标幺值

$$X_{WL}^* = \frac{X_{WL}}{X_d} = \frac{X_0 l}{\dfrac{U_c^2}{S_d}} = \frac{X_0 l S_d}{U_c^2} \tag{3-66}$$

（4）电抗器电抗标幺值

$$X_R^* = \frac{X_R}{X_d} = X_0\% \frac{U_N}{\sqrt{3} I_N} \times \frac{S_d}{U_c^2} \tag{3-67}$$

由于各元件电抗均采用标幺值（即相对值），与短路计算点的电压无关，因此无须进行电压换算，这也是标幺制法的优点。

3.标幺制法短路计算公式

三相短路电流周期分量有效值

$$I_k^{(3)} = I_k^{(3)*} I_d = \frac{I_d}{X_\Sigma^*} \tag{3-68}$$

三相短路容量

$$S_k^{(3)} = \sqrt{3} U_c I_k^{(3)} = \frac{\sqrt{3} U_c I_d}{X_\Sigma^*} = \frac{S_d}{X_\Sigma^*} \tag{3-69}$$

4.标幺制法短路计算步骤

（1）绘制电路图，确定短路计算点。

（2）确定标幺值基准，取 $S_d = 100\ \text{MV} \cdot \text{A}$ 和 $U_d = U_c$（有几个电压等级就取几个 U_d），并求出所有短路计算点电压下的 I_d。

（3）计算各元件的电抗标幺值。

（4）根据不同的短路计算点分别求出各自的总电抗标幺值，再计算各点的短路电流和短路容量。

例3-6 试用标幺值法求例3-5中 k-1 及 k-2 点的短路电流及短路容量。

解 确定基准值：取 $S_d = 100\ \text{MV} \cdot \text{A}$，$U_{c1} = 10.5\ \text{kV}$，$U_{c2} = 0.4\ \text{kV}$，则基准电流

$$I_{d1} = \frac{S_d}{\sqrt{3} U_{c1}} = \frac{100}{\sqrt{3} \times 10.5} = 5.5\ (\text{kA})$$

$$I_{d2} = \frac{S_d}{\sqrt{3} U_{c2}} = \frac{100}{\sqrt{3} \times 0.4} = 144\ (\text{kA})$$

（1）各元件电抗标幺值。

电力系统电抗标幺值

$$X_1^* = \frac{S_d}{S_{oc}} = \frac{100}{500} = 0.2$$

架空线路电抗标幺值

$$X_2^* = \frac{X_0 l S_d}{U_c^2} = \frac{0.38 \times 5 \times 100}{10.5^2} = 1.72$$

变压器电抗标幺值

$$X_3^* = X_4^* = \frac{U_k\% S_d}{S_N} = \frac{5\% \times 100 \times 10^3}{1000} = 5.0$$

（2）计算短路电流和短路容量。

k-1 点：

$$X_{\Sigma 1}^* = X_1^* + X_2^* = 0.2 + 1.72 = 1.92$$

三相短路电流周期分量的有效值

$$I_{k-1}^{(3)} = \frac{I_{d1}}{X_{\Sigma 1}^*} = \frac{5.5}{1.92} = 2.86 \, (kA)$$

三相次暂态短路电流和短路稳态电流

$$I''^{(3)} = I_\infty^{(3)} = I_{k-1}^{(3)} = 2.86 \, (kA)$$

三相短路冲击电流

$$i_{sh}^{(3)} = 2.55 I''^{(3)} = 2.55 \times 2.86 = 7.29 \, (kA)$$

$$I_{sh}^{(3)} = 1.51 I''^{(3)} = 1.51 \times 2.86 = 4.32 \, (kA)$$

三相短路容量

$$S_{k-1}^{(3)} = \frac{S_d}{X_{\Sigma 1}^*} = \frac{100}{1.92} = 52.0 \, (MV \cdot A)$$

k-2 点：

$$X_{\Sigma 2}^* = X_1^* + X_2^* + X_3^* // X_4^* = 0.2 + 1.72 + \frac{5}{2} = 4.42$$

三相短路电流周期分量的有效值

$$I_{k-2}^{(3)} = \frac{I_{d2}}{X_{\Sigma 2}^*} = \frac{144}{4.42} = 32.6 \, (kA)$$

三相次暂态短路电流及短路稳态电流

$$I''^{(3)} = I_\infty^{(3)} = I_{k-2}^{(3)} = 32.6 \, (kA)$$

三相短路冲击电流

$$i_{sh}^{(3)} = 1.84 I''^{(3)} = 1.84 \times 32.6 = 60.0 \, (kA)$$

$$I_{sh}^{(3)} = 1.09 I''^{(3)} = 1.09 \times 32.6 = 35.56 \, (kA)$$

三相短路容量

$$S_{k-2}^{(3)} = \frac{S_d}{X_{\Sigma 2}^*} = \frac{100}{4.42} = 22.6 \, (MV \cdot A)$$

上述计算结果与例 3-5 完全相同。

二、短路电流的效应

短路电流通过电器和导体时，一方面要产生很大的热量，即热效应；另一方面要产生很大的电动力，即电动效应。因此，必须对选择的电气设备进行必要的热稳定度和动稳定度校验。

（一）热效应

1. 发热计算

当电力线路发生短路时，由于继电保护装置很快动作，所以短路电流通过导体的时间很短（一般不会超过 2 s，极少超过 3 s），产生的热量来不及向周围介质中散发，因此，可以认为全部热量都用来升高导体的温度了。

但是，由于短路电流是变化的（其中包含非周期分量），因此，要准确计算短路电流产生的热量是非常困难的。为尽可能接近实际，工程计算中常采用短路稳态电流来等效计算实际短路电流所产生的热量，用一个假想时间代替实际短路时间，则短路电流产生的热量

$$Q_k = I_\infty^2 R t_{ima} \qquad (3-70)$$

式中，Q_k ——短路电流产生的热量；

　　I_∞ ——短路稳态电流，在无限大容量电力系统中，$I_\infty = I'' = I_k = I_p$；

　　R ——导体电阻；

　　t_{ima} ——短路假想时间，$t_{ima} = t_k + 0.05 = (t_{op} + t_{oc}) + 0.05$。其中，$t_k$ 为实际断路时间；

　　　　t_{op} 为短路保护装置实际最长的动作时间；t_{oc} 为断路器的断路时间，对于一般高压油断路器可取 $t_{oc} = 0.2$ s，对于高速断路器可取 $t_{oc} = 0.1 \sim 0.15$ s。

2. 短路热稳定度校验

如果导体和电器在短路时的发热温度不超过最高允许值，则认为其短路热稳定度满足要求。

①对于一般电器，热稳定度校验条件为：

$$I_\infty^{(3)2} t_{ima} \leqslant I_t^2 t \qquad (3-71)$$

式中，I_t ——电器的热稳定试验电流（有效值），可从产品样本中查得；

　　t ——电器的热稳定试验时间，可从产品样本中查得。

②对于母线、绝缘导线和电缆等导体，热稳定度校验条件为：

$$S \geqslant S_{min} = \frac{I_\infty^{(3)}}{C} \sqrt{t_{ima}} \qquad (3-72)$$

式中，S ——导体实际截面积，mm^2；

　　S_{min} ——导体的最小热稳定截面积，mm^2；

　　C ——导体的短路热稳定系数，可查相关手册。

（二）电动效应

1. 电动力计算

在短路电流中，三相短路冲击电流 $i_{sh}^{(3)}$ 最大，在导体中间相产生的电动力最大，其电动力 $F^{(3)}$ 可用下式（3-73）表示：

$$F^{(3)} = \sqrt{3} \times i_{sh}^{(3)2} \times \frac{L}{a} \times 10^{-7} (\text{N/A}^2) \tag{3-73}$$

式中，L ——挡距，即同一导体相邻支撑点间的距离，m；

a ——相邻两导体间的轴线距离，m。

校验电器和载流导体的动稳定度时，通常采用 $i_{sh}^{(3)}$ 和 $F^{(3)}$。

2. 短路动稳定度校验

为免受短路电流特别是短路冲击电流所产生的电动力的损坏，电器和载流导体必须具有足够的动稳定度。

①对于一般电器，动稳定度校验条件为：

$$i_{sh}^{(3)} \leqslant i_{max} \quad 或 \quad I_{sh}^{(3)} \leqslant I_{max} \tag{3-74}$$

式中，i_{max}，I_{max} ——电器极限通过电流的峰值和有效值，可由有关手册或产品样本查得。

②对于绝缘子，动稳定度校验条件为：

$$F_{al} \geqslant F_c^{(3)} \tag{3-75}$$

式中，F_{al} ——绝缘子的最大允许载荷，可查有关手册或产品样本。

$F_c^{(3)}$ ——短路时作用于绝缘子上的计算力。如图 3-10 所示，母线在绝缘子上平放，则 $F_c^{(3)} = F^{(3)}$；母线在绝缘子上竖放，则 $F_c^{(3)} = 1.4 F^{(3)}$。

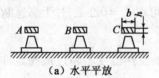

（a）水平平放

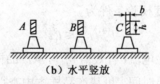

（b）水平竖放

图 3-10　母线的放置方式

③对于母线等硬导体，动稳定度校验条件为：

$$\sigma_c = \frac{M}{W} \leqslant \sigma_{ai} \tag{3-76}$$

式中，σ_c ——母线通过 $i_{sh}^{(3)}$ 时所受到的最大计算应力；

M ——母线通过三相短路冲击电流时所受到的弯曲力矩，N·m。当母线的挡数不大于 2 时，$M = \dfrac{F^{(3)}L}{8}$；当母线的挡数大于 2 时，$M = \dfrac{F^{(3)}L}{10}$。其中 L 为导线的挡距，m。

W ——母线截面系数，m³，$W = \dfrac{b^2 h}{6}$。

σ_{al}——母线材料的最大允许应力，$Pa(N/m^2)$。硬铜母线为 140 MPa，硬铝母线为 70 MPa；对于电缆，因其机械强度较高，可不必校验其短路动稳定度。

【实施与考核】

任务过程：接受任务→学习本任务相关知识→回答考核问题。

考核问题：

(1)某供电系统如图 3-11 所示。已知电力系统出口断路器的断流容量为 500 MV·A，试用欧姆法计算工厂变电所 10 kV 母线上 k-1 点和变压器低压母线上 k-2 点的三相短路电流和短路容量。

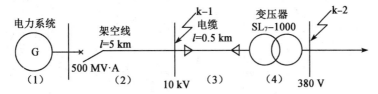

图 3-11 某供电系统图

(2) 试用标幺制法计算上题，并比较两种方法的计算结果。

第二部分

实践篇

项目四 工厂供配电设备及其选择

【项目描述】

为确保供电系统安全、可靠、经济地运行，系统中的电气设备应按正常工作条件进行选择，按故障短路情况进行校验。

所谓"按正常工作条件进行选择"，就是要考虑电气设备装设的环境条件和电气要求。环境条件是指电气设备所处的位置(户内或户外)、环境温度、海拔高度，以及有无防尘、防腐、防火、防爆等要求；电气要求是指电气设备对电压、电流等方面的要求，对开关类电气设备还应考虑其断流能力。

所谓"按故障短路情况进行校验"，就是要校验设备的动、热稳定度，以保证电气设备在短路故障时不致损坏。

对不同的电气设备，还应校验其他不同的参数。表4-1是各种高低压电气设备选择校验的项目及条件。

表4-1 高低压电气设备选择校验的项目及条件

电气设备名称	正常工作条件选择			短路电流校验	
	电压/kV	电流/A	断流能力/kA	动稳定度	热稳定度
高低压熔断器	√	√	√	×	×
高压隔离开关	√	√	×	√	√
低压刀开关	√	√	√	—	—
高压负荷开关	√	√	√	√	√
低压负荷开关	√	√	√	×	×
高压断路器	√	√	√	√	√
低压断路器	√	√	√	—	—
电流互感器	√	√	×	√	√
电压互感器	√	×	×	×	×

表 4-1(续)

电气设备名称	正常工作条件选择			短路电流校验	
	电压/kV	电流/A	断流能力/kA	动稳定度	热稳定度
电容器	√	×	×	×	×
母线	×	√	×	√	√
电缆、绝缘导线	√	√	×	×	√
支柱绝缘子	√	×	×	√	×
套管绝缘子	√	√	×	√	√
选择校验条件	电气设备的额定电压应大于安装地点的额定电压	电气设备的额定电流应大于通过设备的计算电流	开关设备的开断电流(或功率)应大于设备安装地点可能的最大开断电流(或功率)	按照三相短路冲击电流值校验	按照三相短路稳态电流值校验

注:(1)表中"√"表示必须校验,"×"表示不必校验,"—"表示可不校验。

(2)选择变电所高压侧的电气设备时,应取变压器高压侧额定电流。

(3)对高压负荷开关,最大开断电流应大于它可能开断的最大过负荷电流;对高压断路器,其开断电流(或功率)应大于设备安装地点可能的最大短路电流周期分量(或功率);对熔断器的断流能力,应依据熔断器的具体类型而定;对互感器,应考虑准确度等级;对补偿电容器,应按照无功容量选择。

任务一　熔断器及其选择

【必备知识】

一、熔断器概述

(一)熔断器的作用

熔断器的主要作用是对电气线路(电气设备)进行短路保护和严重过载保护。

(二)熔断器的结构及工作原理

1. 熔断器的结构

熔断器主要由熔体、熔管和触头三部分组成。

2. 熔断器的工作原理

熔断器的熔体串联在被保护电路中。当电路正常工作时,熔体允许通过一定大小的负荷电流而不熔断；当电路发生短路或严重过载故障时，熔体中流过很大的故障电流，当该电流产生的热量使熔体温度上升到熔点时，熔体熔断，切断电路，从而达到保护线路或设备的目的。

二、高压熔断器

(一)高压熔断器的含义

高压熔断器的型号含义如下：

$$①②③-④⑤/⑥-⑦⑧$$

①产品名称：R——熔断器；

②安装场所：N——户内，W——户外；

③设计序号；

④额定电压(kV)；

⑤补充型号：G——改进型，F——负荷型；

⑥额定电流(A)；

⑦断流容量(MV·A)；

⑧其他标志：如 GY——高原型。

(二)常用高压熔断器简介

1. RN1 型熔断器

RN1 型熔断器如图 4-1 所示。

(1) 结构特点。

①熔体采用几根熔丝并联，可使熔体在熔断时产生几条并行电弧，增大电弧与石英砂填料的接触面积，加速电弧的熄灭。

②工作熔体(铜熔丝)上焊有锡球，利用"冶金效应"，提高保护灵敏度。

锡的熔点较低，过负荷时包围铜熔丝的锡球首先熔化，铜锡互相渗透形成熔点较低的铜锡合金，使熔体在较低的温度(较小的短路电流或不太大的过负荷电流)下熔断，这就是所谓"冶金效应"。

③当工作熔体熔断后，指示熔体也相继熔断，其红色的熔断指示器弹出，给出明显的熔断指示信号。

(2)限流能力。这种熔断器能在短路电流未达到冲击值之前完全熄灭电弧(切断短路电流)，因此这种熔断器属于"限流式"熔断器。

(3)适用场合。RN1 型熔断器常用于电力线路及变压器的短路和过载保护。

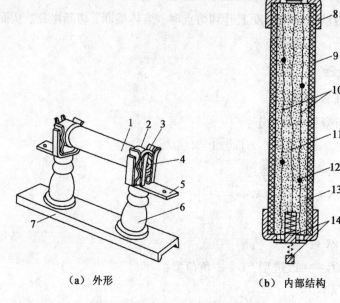

（a）外形　　　　　　　　（b）内部结构

图 4-1　RN1 型熔断器

1，9—熔管;金属帽；2,8—金属帽；熔管；3—弹性触座；4,14—熔断指示器；5—接线端子；

6—绝缘子；7—底座；10—工作熔体；11—指示熔体；12—锡球；13—石英砂

2. RN2 型熔断器

RN2 型熔断器与 RN1 型熔断器的结构基本相同，也属于"限流式"熔断器。所不同的是，RN2 型熔断器主要用于电压互感器一次侧的短路保护。由于电压互感器二次侧接近于空载状态，其一次侧电流很小，故 RN2 型熔断器熔体额定电流一般为 0.5 A。

3. RW4 型跌落式熔断器

RW4 型跌落式熔断器如图 4-2 所示。

（1）结构特点。

①发生故障时，短路电流使熔管内熔丝熔断，形成电弧。消弧管（熔管）内的纤维质由于电弧灼烧而分解出大量气体，使管内压力剧增，并沿管道形成强烈的气流纵向吹弧，使电弧迅速熄灭。

②熔丝熔断后，熔管的上动触头因失去张力而下翻，受触头弹力及熔管自重的作用，回转跌开，造成明显可见的断开间隙。

（2）限流能力。这种熔断器依靠电弧燃烧分解纤维质产生的气体来灭弧，其灭弧能力不强，灭弧速度不快，属"非限流式"熔断器。

（3）适用场合。跌落式熔断器广泛用于户外场所，既可作为 6~10 kV 线路和变压器的短路保护，又可在一定的条件下，直接通断小容量的空载变压器、空载线路等，但不可直接通断正常的负荷电流。

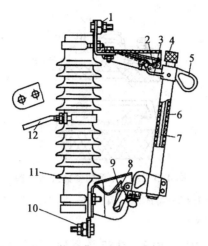

图 4-2 RW4 型跌落式熔断器

1—上接线端子；2—上静触头；3—上动触头；4—管帽；5—操作环；6—熔管；7—铜熔体；
8—下动触头；9—下静触头；10—下接线端子；11—绝缘子；12—固定安装板

4. RW10(F)型跌落式熔断器

RW10(F)型熔断器与 RW4 型熔断器的结构基本相同，也属于"非限流式"熔断器。所不同的是，RW10(F)型熔断器是在一般跌落式熔断器的静触头上加装简单的灭弧室，除了作为 6~10 kV 线路和变压器的短路保护外，还可直接带负荷操作。

三、低压熔断器

(一)低压熔断器的含义

低压熔断器的型号含义如下：

$$①②③④-⑤/⑥$$

①产品名称：R——熔断器；

②结构型式：C——瓷插式，L——螺旋式，M——密闭管式(无填料封闭管式)，S——快速式，T——有填料管式，Z——自复式；

③设计序号；

④其他标志：A——改进型；

⑤熔断器额定电流(A)；

⑥熔体额定电流(A)。

(二)常用低压熔断器简介

1. RC 系列瓷插式熔断器

常用的瓷插式熔断器有 RC1A 等系列，如图 4-3 所示。

瓷插式熔断器价格低廉、熔体更换方便，但它没有灭弧装置，电流分断能力低，属于非限流式熔断器，只适用于工矿企业和民用照明电路的短路保护，在有易燃、易爆气体的场合禁止使用。

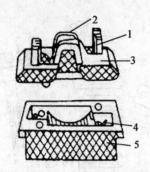

图 4-3　RC1A 系列瓷插式熔断器

1—动触头；2—熔体；3—瓷插件；4—静触头；5—瓷座

2. RL 系列螺旋式熔断器

常用的螺旋式熔断器有 RL6，RL7，RLS2 等系列，如图 4-4 所示。

螺旋式熔断器熔管的一端装有熔断指示器，当熔体熔断时指示器弹出，通过瓷帽上的圆玻璃孔可直接观察到。熔管内装有用于灭弧的石英砂，分断能力强，属于限流式熔断器。螺旋式熔断器限流性能好，有明显的熔断指示且更换方便，广泛应用于控制箱、配电屏、机床配电电路中。

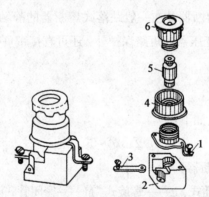

图 4-4　RL 系列螺旋式熔断器

1—上接线端；2—瓷座；3—下接线端；4—瓷套；5—熔断器；6—瓷帽

3. RM 系列无填料封闭管式熔断器

常用的无填料封闭管式熔断器有 RM10 等系列，如图 4-5 所示。

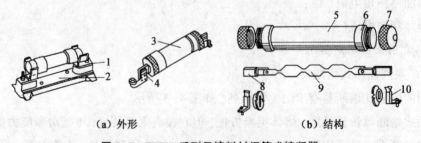

（a）外形　　　　　　　　（b）结构

图 4-5　RM10 系列无填料封闭管式熔断器

1，4，10—夹座；2—底座；3，5—熔管；6—铜套管；7—铜帽；8—插刀；9—熔体无填料封闭管式熔断器电流分断能力较低，限流能力较差，属于非限流式熔断器，但熔体更换方便，适用于容量不大的低压电网。

4. RT 系列有填料封闭管式熔断器

常用的有填料封闭管式熔断器有 RT0，RT12，RT14，RT15 等系列，如图 4-6 所示。

有填料封闭管式熔断器的熔管内装有用于灭弧的石英砂，分断能力强，属于限流式熔断器，适用于容量较大的低压电网。

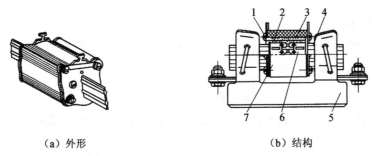

（a）外形 （b）结构

图 4-6 RT0 系列有填料封闭管式熔断器

1—熔断指示器；2—石英砂；3—指示器拉丝；4—插刀；5—底座；6—熔体；7—熔管

5. RS 系列快速熔断器

常用的快速熔断器有 RS0 和 RS3 等系列。其快速熔断器动作速度快，主要用于保护对过载及短路故障的动作时间要求较短的硅整流元件。

6. RZ 系列自复式熔断器

常用的自复式熔断器有 RZ1 等系列。

自复式熔断器利用金属钠作为熔体。常温下呈固态的金属钠电阻率小，允许通过正常的工作电流。当电路发生故障时，较大的故障电流使固态钠迅速气化，气态钠的电阻率大，从而限制了故障电流。当故障消除后，随着温度的降低，气态钠重新固化，又恢复其良好的导电性。

自复式熔断器的优点是熔体能重复使用，但由于只能限流而不能彻底切断故障电路，故一般不单独使用，通常与低压断路器相串联，以提高其电流分断能力。

7. 引进技术生产的具有高分断能力的熔断器

（1）NT 系列熔断器（国内型号为 RT16 系列）。这种熔断器体积小、分断能力高且限流特性好，广泛应用于 660 V 及以下低压开关柜中。

（2）gF，aM 系列圆柱形有填料管式熔断器。这种熔断器体积小、分断能力高、指示灵敏、动作可靠，适用于低压配电系统。其中，gF 系列适用于线路的短路和过载保护，aM 系列适用于电动机的短路保护。

【技术手册】

一、熔断器的选择

(一)额定电压

熔断器的额定电压 U_N 应大于或等于安装处线路的额定电压 $U_{N.WL}$,即

$$U_N \geq U_{N.WL} \tag{4-1}$$

(二)额定电流

同一规格的熔断器内可以安装不同规格的熔体,但熔断器的额定电流 $F_{N.FU}$ 应大于或等于它所安装熔体的额定电流 $I_{N.FE}$,即

$$F_{N.FU} \geq I_{N.FE} \tag{4-2}$$

熔断器额定电流的选择其实就是熔体额定电流的选择,而熔体额定电流大小的选择与其保护对象有关。

1. 保护电动机

保护电动机的熔断器,其熔体电流应按下列条件选择:

(1)为防止电动机正常运行时熔体熔断,其额定电流应躲过计算电流(I_{30}),即

$$I_{N.FE} = I_{30} \tag{4-3}$$

(2)为防止电动机启动时熔体熔断,其额定电流应躲过尖峰电流(I_{pk})。但由于尖峰电流是短时最大工作电流,考虑熔体的熔断需要一定的时间,因此:

$$I_{N.FE} \geq KI_{pk} \tag{4-4}$$

式中,K 为小于 1 的计算系数,与电动机的启动时间(t_{st})、电动机的数量有关。对于单台电动机,当 $t_{st} < 3$ s 时,取 $K = 0.25 \sim 0.35$;当 $t_{st} = 3 \sim 8$ s 时,取 $K = 0.35 \sim 0.50$;当 $t_{st} > 8$ s 或电动机为频繁启动、反接制动时,取 $K = 0.5 \sim 0.6$。对多台电动机,取 $K = 0.5 \sim 1.0$。

2. 保护电力变压器

对于 $6 \sim 10$ kV 的电力变压器,容量在 1000 kV·A 及以下者,均可在高压侧装设熔断器作短路及过负荷保护,其熔体电流应按下列条件选择。

(1)熔体额定电流应躲过变压器允许的正常过负荷电流。

(2)熔体额定电流应躲过来自变压器低压侧电动机自启动引起的尖峰电流。

(3)熔体额定电流应躲过变压器空载投入时的励磁涌流。

综上,可按下式选择熔体的额定电流:

$$I_{N.FE} = (1.5 \sim 2.0) I_{1N.T} \tag{4-5}$$

式中,$I_{1N.T}$——电力变压器的一次额定电流。

3. 保护电压互感器

由于电压互感器正常运行时二次侧接近于空载,因此保护电压互感器的熔断器熔体额定电流一般选 0.5 A。

（三）断流能力

对限流式熔断器：

$$I_{oc} \geq I_k''^{(3)} \tag{4-6}$$

式中，I_{oc}——熔断器的最大分断电流；

$I_k''^{(3)}$——熔断器安装处三相次暂态短路电流有效值。

对非限流式熔断器：

$$I_{oc} \geq I_{sh}^{(3)} \tag{4-7}$$

式中，$I_{sh}^{(3)}$——熔断器安装处三相短路冲击电流有效值。

对具有断流能力上下限的熔断器：

$$I_{oc.max} \geq I_{sh.max}^{(3)}, \quad I_{oc.min} \leq I_{sh.min} \tag{4-8}$$

式中，$I_{oc.max}$——熔断器最大分断电流有效值；

$I_{oc.min}$——熔断器最小分断电流有效值；

$I_{sh.max}^{(3)}$——熔断器安装处最大三相短路冲击电流有效值；

$I_{sh.min}$——熔断器安装处最小三相短路冲击电流有效值，对 IT 系统取最小两相短路电流，对 TT 或 TN 系统取单相短路电流或单相接地短路电流。

二、熔断器的校验

（1）动稳定度：发生短路故障时熔断器将熔断，因此其动稳定度不必校验。

（2）热稳定度：发生短路故障时熔断器将熔断，因此其热稳定度也不必校验。

（3）保护灵敏度：为保证在保护区内发生短路故障时能可靠地熔断，应对保护灵敏度按下式进行校验：

$$S_p = \frac{I_{k.min}^{(2)}}{I_{N.FE}} \geq (4 \sim 7) \tag{4-9}$$

式中，$I_{k.min}^{(2)}$——被保护线路末端在系统最小运行方式下的最小短路电流。对 IT 系统，取两相短路电流；对 TT 系统和 TN 系统，取单相短路电流或单相接地故障电流；对安装在变压器高压侧的熔断器，取低压侧母线的两相短路电流折算到高压侧之值。

（4）与被保护线路配合：为防止绝缘导线或电缆烧毁而熔体不熔断，熔体额定电流应与被保护线路配合，即

$$I_{N.FE} \leq K_{OL} I_{al} \tag{4-10}$$

式中，I_{al}——绝缘导线和电缆的允许载流量，可查表获得。

K_{OL}——绝缘导线和电缆的允许短时过负荷系数。若熔断器仅作短路保护：对电缆和穿管绝缘导线，取 $K_{OL} = 2.5$；对明敷绝缘导线，取 $K_{OL} = 1.5$。若熔断器作短路兼过负荷保护，取 $K_{OL} = 1.0$。对有爆炸性气体区域内的线路，取 $K_{OL} = 0.8$。

（5）前后级之间的配合：前后级熔断器之间应满足选择性配合的要求，即线路发生故障时，距离故障点最近的熔断器应首先熔断。

例 4-1 已知某电动机的额定电压为 380 V，额定电流为 35 A，启动电流为 180 A，由 BLV-500(3×10) 型导线穿钢管供电，线路首端的三相短路电流为 20 kA，线路末端的三相短路电流为 12 kA，环境温度为 30 ℃。拟采用 RT0 型熔断器进行短路保护，试选择熔断器。

解 （1）熔断器的选择。

因该熔断器用于保护电动机，故其熔体额定电流应同时满足：

$$I_{N.FE} \geq I_{30} = 35(A) \quad 且 \quad I_{N.FE} \geq KI_{pk} = 0.3 \times 180 = 54(A)$$

查相关手册，选 RT0-100/60 型熔断器，其 $I_{N.FU} = 100$ A，$I_{N.FE} = 60$ A。

断流能力：

$$I_{oc} = 50(KA) > I_{k.max}^{(3)} = 20(kA)，满足要求。$$

（2）熔断器的校验。

保护灵敏度：线路末端三相短路电流为 12 kA，则

$$S_p = \frac{I_{k.min}}{I_{N.FE}} = \frac{0.866 \times 12 \times 10^3}{60} \approx 173 > (4 \sim 7)，满足要求。$$

与线路配合：查相关手册，导线的允许载流量 $I_{al} = 41$ A。熔断器仅作短路保护，要求 $I_{N.FE} = 60$ A $< 2.5I_{al} = 2.5 \times 41 = 102.5$ A，满足要求。

【实施与考核】

实施过程：接受任务→学习本任务相关知识→回答考核问题。

考核问题：

（1）某熔断器型号为"RN2-10/0.5"，试说明其含义。

（2）熔断器的作用是什么？RN2 型熔断器的额定电流是多少？它常用于什么场合？

（3）已知一台三相异步电动机的额定电压为 380 V，额定容量为 18.5 kW，额定电流为 35.5 A，启动电流倍数为 7。拟采用 BLV-1000-1×10 型导线穿钢管对其供电，采用 RT0 型熔断器作短路保护。若已知三相短路电流为 4 kA，单相短路电流为 1.5 kA，试选择该熔断器及其熔体电流，并进行必要的校验。

任务二　高压开关设备及其选择

【必备知识】

一、高压隔离开关

（一）高压隔离开关的作用

高压隔离开关的主要用途是隔离高压电源，建立明显可见的断开间隙以确保安全。

由于隔离开关没有专门的灭弧装置，因此不能用来通断负荷电流和断开故障电流（即不允许带负荷操作），但可用来通断一定的小电流（如励磁电流不超过 2 A 的空载变压器、电容电流不超过 5 A 的空载线路及电压互感器和避雷器电路等）。

（二）高压隔离开关的型号含义

①②③-④⑤/⑥-⑦⑧

①产品名称：G——隔离开关；

②安装场所：N——户内，W——户外；

③设计序号；

④额定电压(kV)；

⑤结构标志：T——统一设计，G——改进型，C——穿墙型，D——带接地刀闸，W——防污型；

⑥额定电流(kA)；

⑦极限通过电流(A)；

⑧其他标志。

（三）常用高压隔离开关简介

1. GN8-10 型户内隔离开关

三相闸刀安装在同一底座上，采用垂直回转运动方式同时动作。如图 4-7 所示。

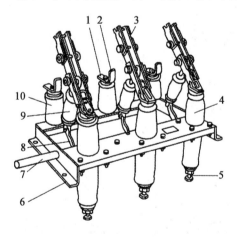

图 4-7　GN8-10 型户内隔离开关

1—上接线端子；2—静触头；3—刀闸；4—套管绝缘子；5—下接线端子；
6—框架；7—转轴；8—拐臂；9—升降绝缘子；10—支柱绝缘子

2. GW5-35 型户外式隔离开关

户外式隔离开关的工作条件比较恶劣，要求有较高的绝缘等级和机械强度。如图 4-8 所示。

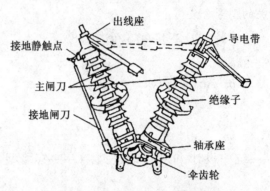

出线座

接地静触点

导电带

主闸刀

绝缘子

接地闸刀

轴承座

伞齿轮

图 4-8　GW5-35 型户外式隔离开关

二、高压负荷开关

（一）高压负荷开关的作用

由于高压负荷开关有简单的灭弧装置，因此它有两个作用：一是通、断正常的负荷电流；二是与脱扣器配合断开过负荷电流。

值得注意的是，高压负荷开关不能断开短路电流，必须与高压熔断器串联使用，借助熔断器来切除短路电流。

（二）高压负荷开关的型号含义

$$①②③-④/⑤-⑥⑦$$

①产品名称：F——负荷开关；

②安装场所：N——户内，W——户外；

③设计序号；

④额定电压(kV)；

⑤额定电流(A)；

⑥最大开断电流(kA)；

⑦其他标志：R——带熔断器，S——熔断器装于开关上端。

（三）常用高压负荷开关简介

FN3-10RT 型高压负荷开关，如图 4-9 所示。

FW7-10Ⅱ型高压负荷开关，如图 4-10 所示。

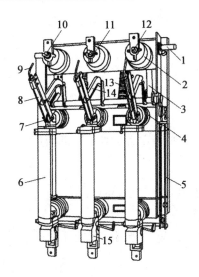

图 4-9 FN3-10RT 型高压负荷开关

1—主轴；2—上绝缘子兼汽缸；3—连杆；4—下绝缘子；5—框架；6—RN1 型高压熔断器；
7—下触座；8—闸刀；9—弧动触头；10—绝缘喷嘴（内有弧静触头）；11—主静触头；
12—上触座；13—断路弹簧；14—绝缘拉杆；15—热脱扣器

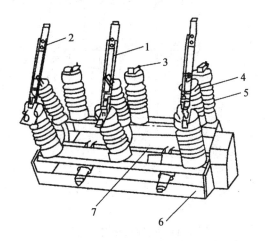

图 4-10 FW7-10 Ⅱ 型高压负荷开关

1—导电刀板；2—动触头；3—静触头；4—拉杆绝缘子；5—支持绝缘子；6—底座；7—传动部分

三、高压断路器

(一)高压断路器的作用

由于高压断路器有专门的灭弧装置，因此它有两个作用：一是通、断正常的负荷电流；二是与继电保护装置配合断开故障电流。

(二)高压断路器的型号含义

$$①②③-④⑤/⑥-⑦$$

①产品名称：S——少油断路器，D——多油断路器，Z——真空断路器，L——SF$_6$断路器；

②安装场所：N——户内，W——户外；

③设计序号；

④额定电压(kV)；

⑤其他标志：G——改进型，Ⅰ，Ⅱ，Ⅲ——断流能力代号；

⑥额定电流(A)；

⑦开断电流(kA)或断流容量(MV·A)。

(三)常用高压断路器简介

高压断路器的种类很多，这里只介绍常用的几种。

1. 油断路器

油断路器按其油量多少分为多油断路器和少油断路器两种。油在多油断路器中起绝缘和灭弧作用，在少油断路器中仅起灭弧作用。目前工厂变配电所广泛使用的是 SN10-10 型户内少油断路器，其外形如图 4-11 所示，一相油箱内部结构如图 4-12 所示。

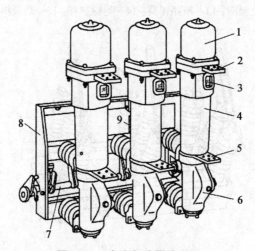

图 4-11　少油断路器外形图

1—铝帽；2—上接线端子；3—油标；4—绝缘筒；5—下接线端子；

6—基座；7—主轴；8—框架；9—断路弹簧

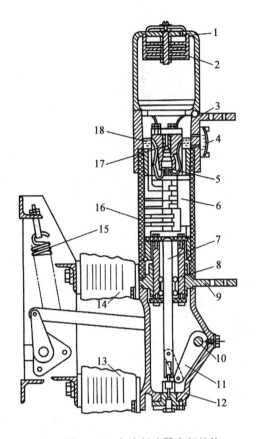

图 4-12　少油断路器内部结构

1—铝帽；2—油气分离器；3—上接线端子；4—油标；5—插座式静触头；6—灭弧室；

7—动触头(导电杆)；8—中间滚动触头；9—下接线端子；10—转轴；11—拐臂；12—基座；

13—下支柱绝缘子；14—上支柱绝缘子；15—断路弹簧；16—绝缘筒；17—逆止阀；18—绝缘油

少油断路器具有如下特点：

(1)开断电流大、油量少、易维护；

(2)油易老化，需要一套油处理装置；

(3)广泛用于工厂变配电所中。

2. SF_6(六氟化硫)断路器

SF_6断路器利用 SF_6 气体作为灭弧和绝缘介质。SF_6 是一种无色、无味、无毒且不易燃的惰性气体，其绝缘强度是空气的 2.5~3.0 倍，灭弧能力是空气的近百倍。常用的是 LN2-10 型 SF_6 断路器，其内部结构如图 4-13 所示。

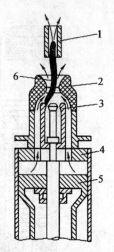

图 4-13　SF$_6$断路器灭弧室结构和工作示意图

1—静触头；2—绝缘喷嘴；3—动触头；4—汽缸（连同动触头由操动机构传动）；

5—压气活塞（固定）；6—电弧

SF$_6$断路器具有如下特点：

(1)开断电流大、断口电压高、易维护；

(2)价格高；

(3)适用于频繁操作的场合。

3. 真空断路器

真空断路器利用相对真空作为绝缘和灭弧介质。常用的是 ZN4-10 型真空断路器，其灭弧室结构如图 4-14 所示。

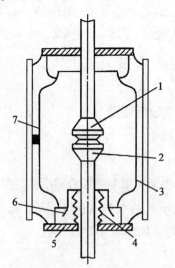

图 4-14　真空断路器灭弧室结构

1—静触头；2—动触头；3—屏蔽罩；4—波纹管；

5—与外壳封接的金属法兰；6—波纹管屏蔽罩；7—玻壳

真空断路器具有如下特点：

(1)开断性能好、可连续多次操作、易维护；

(2)开断电流小、断口电压低、价格高；

(3)适用于频繁操作、安全要求较高的场所。

【技术手册】

一、高压隔离开关的选择与校验

(一)高压隔离开关的选择

1. 额定电压

高压隔离开关的额定电压应大于或等于安装处的额定电压，即

$$U_N \geq U_{N.WL} \tag{4-11}$$

2. 额定电流

高压隔离开关的额定电流应大于或等于流过的计算电流，即

$$I_N \geq I_{30} \tag{4-12}$$

3. 断流能力

高压隔离开关不允许带负荷操作，因此其断流能力无须选择。

(二)高压隔离开关的校验

1. 动稳定度

高压隔离开关的动稳定度应满足：

$$i_{sh}^{(3)} \leq i_{max} \text{或} \quad I_{sh}^{(3)} \leq I_{max} \tag{4-13}$$

2. 热稳定度

高压隔离开关的热稳定度应满足：

$$I_{\infty}^{(3)2} t_{ima} \leq I_t^2 t \tag{4-14}$$

二、高压负荷开关的选择与校验

(一)高压负荷开关的选择

1. 额定电压

高压负荷开关的额定电压应大于或等于安装处的额定电压，即

$$U_N \geq U_{N.WL} \tag{4-15}$$

2. 额定电流

高压负荷开关的额定电流应大于或等于流过的计算电流，即

$$I_N \geq I_{30} \tag{4-16}$$

3. 断流能力

高压负荷开关可通断过负荷电流，但不能断开短路电流，因此其最大开断电流 I_{oc} 应

按可能出现的最大过负荷电流 $I_{\text{OL.max}}$ 考虑，通常取 $I_{\text{OL.max}} = (1.5 \sim 3)I_{30}$，则

$$I_{\text{oc}} \geq (1.5 \sim 3)I_{30} \qquad (4-17)$$

（二）高压负荷开关的校验

1. 动稳定度

高压负荷开关的动稳定度应满足：

$$i_{\text{sh}}^{(3)} \leq i_{\text{max}} \text{ 或 } \quad I_{\text{sh}}^{(3)} \leq I_{\text{max}} \qquad (4-18)$$

2. 热稳定度

高压负荷开关的热稳定度应满足：

$$I_{\infty}^{(3)2} t_{\text{ima}} \leq I_{\text{t}}^2 t \qquad (4-19)$$

三、高压断路器的选择与校验

（一）高压断路器的选择

1. 额定电压

高压断路器的额定电压应大于或等于安装处的额定电压，即

$$U_{\text{N}} \geq U_{\text{N.WL}} \qquad (4-20)$$

2. 额定电流

高压断路器的额定电流应大于或等于流过的计算电流，即

$$I_{\text{N}} \geq I_{30} \qquad (4-21)$$

3. 断流能力

高压断路器可分断短路电流，因此其最大开断电流 I_{oc} 应按三相短路电流周期分量的有效值 $I_{\text{k}}^{(3)}$ 考虑，即

$$I_{\text{oc}} \geq I_{\text{k}}^{(3)} \qquad (4-22)$$

（二）高压断路器的校验

1. 动稳定度

高压断路器的动稳定度应满足：

$$i_{\text{sh}}^{(3)} \leq i_{\text{max}} \text{ 或 } \quad I_{\text{sh}}^{(3)} \leq I_{\text{max}} \qquad (4-23)$$

2. 热稳定度

高压断路器的热稳定度应满足：

$$I_{\infty}^{(3)2} t_{\text{ima}} \leq I_{\text{t}}^2 t \qquad (4-24)$$

其余高压开关设备的选择校验可参照高压断路器的方法进行。

例 4-2 某供电系统如图 4-15 所示。已知 10 kV 侧母线短路电流为 5.3 kA，继电保护的动作时间为 1.0 s，断路器的固有分闸时间为 0.2 s。试选择电路中高压断路器的型号规格。

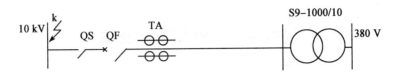

图 4-15 例 4-2 图

解 变压器最大工作电流按变压器的额定电流计算:

$$I_{30} = I_{1N.T} = \frac{S_N}{\sqrt{3}\,U_N} = \frac{1000}{\sqrt{3}\times10} = 57.7(\mathrm{A})$$

短路电流冲击值: $i_{sh} = 2.55I'' = 2.55\times5.3 = 13.5(\mathrm{kA})$

短路容量: $S_k = \sqrt{3}\,I_k U_c = \sqrt{3}\times5.3\times10.5 = 96.4(\mathrm{MV\cdot A})$

短路假想时间: $t_{ima} = t_{op} + t_{oc} + 0.05 = 1.0 + 0.2 + 0.05 = 1.25(\mathrm{s})$

根据选择条件和相关数据,宜选用 SN10-10Ⅰ/630 型高压断路器,其技术数据可由相关手册查得。高压断路器选择校验结果如表 4-2 所列。

表 4-2 高压断路器选择校验结果

序号	安装处的电气条件		SN10-10Ⅰ/630 型断路器技术数据		
	项目	数据	项目	技术数据	结论
1	U_N	10 kV	U_N	10 kV	合格
2	I_{30}	57.7 A	I_N	630 A	合格
3	$I_k^{(3)}$	5.3 kA	I_{oc}	16 kA	合格
4	S_k	96.4 MV·A	S_{max}	300 MV·A	合格
5	$i_{sh}^{(3)}$	13.5kA	i_{max}	40 kA	合格
6	$I_\infty^{(3)2}t_{ima}$	$5.3^2\times1.25 = 35.11$	$I_t^2 t$	$16^2\times4 = 1024$	合格

由选择校验结果可知,所选设备合乎要求。

【实施与考核】

实施过程:接受任务→学习本任务相关知识→回答考核问题。

考核问题:

(1)高压隔离开关的作用是什么?它为什么不能带负荷操作?

(2)高压负荷开关与高压断路器有何不同?

(3)试选择某 10 kV 高压进线侧的户内少油断路器的型号规格。已知该进线的计算电流为 295 A,高压母线三相短路电流周期分量有效值为 3.2 kA,继电保护动作时间为1.1 s。

任务三　互感器及其选择

【必备知识】

互感器包括电流互感器(简称 CT)和电压互感器(简称 PT),其有以下两方面的作用。

(1)变换作用。互感器将一次侧的大电流、高电压变成二次侧标准的小电流(5 A 或 1 A)、低电压(100 V 或 $\dfrac{100}{\sqrt{3}}$ V),供给测量仪表或继电保护装置。这不仅扩大了仪表、继电器等二次设备的应用范围,也使二次设备小型化、标准化,利于批量生产。

(2)隔离作用。由于互感器的一次侧与二次侧之间只有磁的耦合,没有电的联系,故可使二次设备与一次电路隔离,保证二次设备和工作人员的安全。

一、电流互感器

(一)电流互感器的结构特点

电流互感器的原理如图 4-16 所示。其一次绕组匝数少、导线粗,串联在一次电路中;二次绕组匝数多、导线细,串联在二次电路中仪表、继电器的电流线圈中。由于仪表、继电器的电流线圈阻抗很小,因此电流互感器工作时二次回路接近于短路状态。

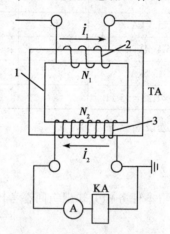

图 4-16　电流互感器的原理图
1—铁芯;2——次绕组;3—二次绕组

电流互感器的额定变流比

$$K_{\text{TA}}=\frac{I_{1\text{N}}}{I_{2\text{N}}}\approx\frac{N_2}{N_1} \tag{4-25}$$

式中, $I_{1\text{N}}$ ——一次绕组的额定电流;

I_{2N}——二次绕组的额定电流，一般规定为 5 A(有时为 1 A)；

N_1——一次绕组的匝数；

N_2——二次绕组的匝数。

(二)电流互感器的分类和型号

1. 电流互感器的分类

(1)按一次绕组的匝数分，有单匝式(包括母线式、心柱式、套管式)和多匝式(包括线圈式、线环式、串级式)。

(2)按一次电压分，有高压和低压两大类。

(3)按用途分，有测量用和保护用两大类。

(4)按准确度级分，测量用电流互感器有 0.1，0.2，0.5，1，3，5 等级，保护用电流互感器有 5P 和 10P 两级。

(5)按绝缘和冷却方式分，有油浸式和干式两大类。油浸式主要用于户外，环氧树脂浇注绝缘的干式电流互感器主要用于户内。

2. 电流互感器的型号

①②③④⑤-⑥

①产品名称：L——电流互感器；

②一次绕组型式：M——母线式，F——贯穿复匝式，D——贯穿单匝式，Q——线圈式；

安装型式：A——穿墙式，B——支持式，Z——支柱式，R——装入式；

③绝缘型式：Z——浇注绝缘，C——瓷绝缘，J——树脂浇注，K——塑料外壳；

结构型式：W——户外式，M——母线式，G——改进式，Q——加强式；

④用途：B——保护用，D——差动保护用，J——接地保护用，X——小体积柜用，S——手车柜用；

结构型式：Q——加强式，L——铝线式，J——加大容量；

⑤设计序号；

⑥额定电压(kV)。

例如：LQJ-10 表示线圈式树脂浇注绝缘的电流互感器，额定电压 10 kV，其外形如图 4-17 所示。这种高压电流互感器多制成不同准确度级的两个铁芯和两个二次绕组，分别为 0.5 级和 3 级：0.5 级接测量仪表用于测量，3 级接继电器用于继电保护。

LMZJ1-0.5 表示母线式浇注绝缘加大容量的电流互感器，额定电压 0.5 kV，其外形如图 4-18 所示。这种电流互感器利用穿过其铁芯的一次电路作为一次绕组(相当于一匝)，广泛用于 500 V 及以下低压配电系统中。

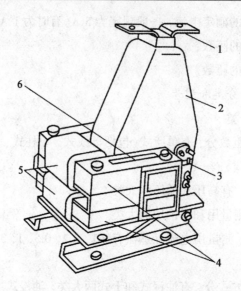

图 4-17　LQJ-10 型电流互感器

1——次接线端子；2——次绕组；3—二次接线端子；4—铁芯；5—二次绕组；6—警告牌

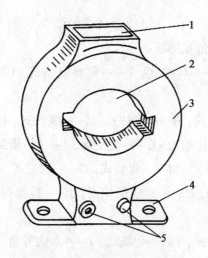

图 4-18　LMZJ1-0.5 型电流互感器

1—铭牌；2——次母线穿孔；3—铁芯，外绕二次绕组；4—安装板；5—二次接线端子

(三)电流互感器的接线方式

1. 一相式接线

一个电流互感器接在一相(通常为 L_2)上，流过二次侧电流线圈的电流对应该相电流，如图 4-19(a)所示。这种接线方式适用于负荷平衡的三相电路，供测量电流或接过负荷保护装置用。

2. 两相 V 形接线

两个电流互感器通常接在 L_1 和 L_3 相，流过二次侧电流线圈的电流分别对应这两相电流,而流过公共电流线圈的电流 $\dot{I}_1+\dot{I}_3=-\dot{I}_2$,它反映的是未接电流互感器那一相(L$_2$相)的相电流,如图4-19(b)所示。这种接线方式适用于中性点不接地的三相三线制电路中(如6~10 kV高压电路中)测量三相电流、电能及作过电流继电保护用。

3. 两相电流差接线

两个电流互感器通常接在 L$_1$ 和 L$_3$ 相,流过二次侧电流线圈的电流为 $\dot{I}=\dot{I}_1-\dot{I}_3$,其量值为相电流的 $\sqrt{3}$ 倍,如图4-19(c)所示。这种接线方式适用于中性点不接地的三相三线制电路中(如6~10 kV高压电路中)作过电流继电保护用。

4. 三相星形接线

三个电流互感器分别接在 L$_1$,L$_2$,L$_3$ 相,流过二次侧电流线圈的电流分别对应一次电路的三相电流,如图4-19(d)所示。这种接线方式适用于三相四线制及负荷可能不平衡的三相三线制系统中,作三相电流、电能测量及过电流继电保护之用。

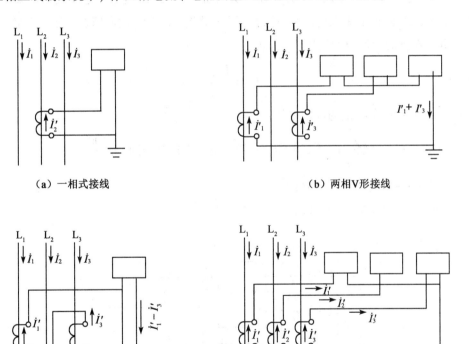

（a）一相式接线　　　　　　　　　　（b）两相V形接线

（c）两相电流差接线　　　　　　　　（d）三相星形接线

图4-19　电流互感器的接线方式

(四)电流互感器的使用注意事项

1. 二次侧不得开路

电流互感器在工作时二次侧如果开路,会感应出危险的高电压危及人身和设备安全,并导致互感器的准确度降低。因此,要求其二次侧不允许接入熔断器和开关,接线应牢靠,在不停电拆装电流互感器二次设备时应先将其二次绕组短接,等等。

2. 二次侧有一端必须接地

为防止电流互感器一、二次绕组间绝缘击穿时一次侧的高电压窜入二次侧,危及人身和设备安全,电流互感器的二次侧有一端必须接地。

3. 连接时要注意端子的极性

在安装和使用电流互感器时,一定要注意端子的极性,否则其二次侧所接仪表、继电器中流过的电流就不是预想的电流,影响正确测量,甚至引起事故。

二、电压互感器

(一)电压互感器的结构特点

电压互感器的原理如图 4-20 所示。其一次绕组匝数多、导线细,并联在一次电路中;二次绕组匝数少、导线粗,并联在二次电路中仪表、继电器的电压线圈两端。由于仪表、继电器的电压线圈阻抗很大,因此电压互感器工作时二次回路接近于空载状态。

电压互感器的额定变压比 K_{TV} 为:

$$K_{TV} = \frac{U_{1N}}{U_{2N}} \approx \frac{N_1}{N_2} \qquad (4-26)$$

式中,U_{1N}——一次绕组的额定电压;

U_{2N}——二次绕组的额定电压,一般规定为 100 V(有时为 $\frac{100}{\sqrt{3}}$ V);

N_1——一次绕组的匝数;

N_2——二次绕组的匝数。

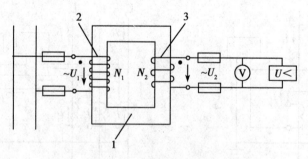

图 4-20 电压互感器原理图

1—铁芯;2——次绕组;3—二次绕组

(二)电压互感器的分类和型号

1. 电压互感器的分类

(1)按相数分,有单相、三相三芯柱和三相五芯柱式;

(2)按绕组数量分,有双绕组式和三绕组式;

（3）按绝缘和冷却方式分，有干式（含环氧树脂浇注式）、油浸式和充气式（SF_6）；

（4）按安装地点分，有户内式和户外式。

2. 电压互感器的型号

①②③④⑤-⑥

①产品名称：J——电压互感器；

②相数：D——单相，S——三相；

③绝缘型式：J——油浸式，G——干式，Z——树脂浇注式；

④结构型式：B——带补偿绕组，W——五芯柱三绕组，J——接地保护；

⑤设计序号；

⑥额定电压（kV）。

例如：JDZJ-10 表示单相树脂浇注式接地保护用电压互感器，额定电压 10 kV，其外形如图 4-21 所示。三个 JDZJ-10 型电压互感器可接成 $Y_0/Y_0/\triangle$ 型式，供小电流接地系统中作电压、电能测量及绝缘监察之用。

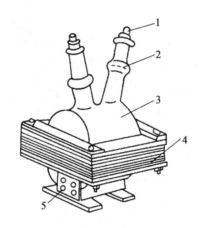

图 4-21 JDZJ-10 型电压互感器

1——一次接线端子；2——高压绝缘套管；3——一、二次绕组；4—铁芯；5—二次接线端子

（三）电压互感器的接线方式

一个单相电压互感器的接线，如图 4-22（a）所示。这种接线只能测两相之间的线电压，或用来接仪表、继电器等。

两个单相电压互感器接成 V/V 形，如图 4-22（b）所示。因在一次绕组中无接地点，只能得到线电压，所以它不能测量相对地电压，也不能做绝缘监察和接地保护用。这种接线适用于工厂变配电所的 6~10 kV 高压配电装置，供仪表和继电器测量、监视三相三线制系统中的各个线电压。

三个单相电压互感器接成 Y_0/Y_0 形，如图 4-22（c）所示。因一次绕组中性点接地，所以既可以满足仪表和电压继电器取用线电压和相电压的要求，也可装设用于绝缘监察的电压表。由于小电流接地系统在一次侧发生单相接地时，另两相电压要升高到线电压，所以绝缘监察电压表应按线电压选择，否则在发生单相接地时，电压表可能被烧毁。

三个单相三绕组电压互感器或一个三相五心柱三绕组电压互感器接成 $Y_0/Y_0/\triangle$ 形，如图 4-22(d)所示。这种接线方式广泛应用在 10 kV 中性点不接地电力系统中，作电压、电能测量及绝缘监察之用，其具体工作原理将在项目五中详细介绍。

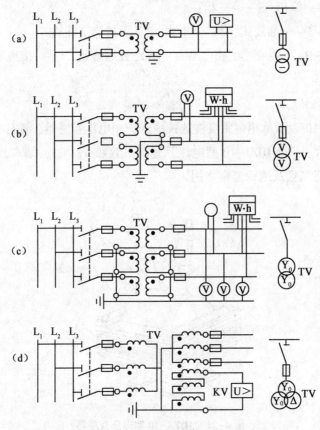

图 4-22 电压互感器的接线方式

（四）电压互感器的使用注意事项

1. 二次侧不得短路

电压互感器在正常运行时二次侧如果短路，会产生很大的短路电流，有可能烧毁互感器，甚至影响一次电路的安全运行。因此，电压互感器的一、二次侧都必须装设熔断器进行短路保护。熔断器的额定电流一般为 0.5 A，如 RN2 型熔断器。

2. 二次侧有一端必须接地

为防止电压互感器一、二次绕组间绝缘击穿时，一次侧的高电压窜入二次侧，危及人身和设备安全，电压互感器的二次侧有一端必须接地，这与电流互感器二次侧接地的目的相同。

3. 连接时要注意端子的极性

在安装和使用电压互感器时，一定要注意端子的极性，否则其二次侧所接仪表、继电器两端的电压就不是预想的电压，影响正确测量，甚至引起保护装置的误动作。

【技术手册】

一、电流互感器的选择与校验

(一)电流互感器的选择

1. 额定电压和额定电流的选择

电流互感器一次额定电压应不低于所接电网的额定电压；一次额定电流不得小于线路的计算电流，二次额定电流有 5 A(强电系统选用)和 1 A(弱电系统选用)两种。

2. 准确度级的选择

同样，为了确保测量仪表的准确度，电流互感器的准确度级不得低于所接仪表和继电保护装置的准确度级。

3. 二次额定容量选择

互感器的二次额定容量应不小于互感器的二次负荷容量。

(二)电流互感器的校验

1. 热稳定校验

电流互感器热稳定能力常以 1 s 允许通过一次额定电流 I_{N1} 的倍数来表示，故热稳定应按下式校验：

$$(K_t I_{N1})^2 t \geq I_\infty^2 t_{ima} \tag{4-27}$$

式中，K_t ——一次额定电流的热稳定倍数；

　　I_{N1} ——一次额定电流；

　　t ——时间，这里为 1 s；

　　I_∞ ——短路电流的稳态值；

　　t_{ima} ——假想时间或等值时间。

2. 动稳定校验

电流互感器常以允许通过一次额定电流最大值的倍数来表示其内部稳定能力，所以内部稳定可用下式校验：

$$K_{es} \times \sqrt{2} I_{N1} \geq i_{sh} \tag{4-28}$$

式中，K_{es} ——动稳定电流倍数；

　　I_{N1} ——电流互感器的一次额定电流；

　　i_{sh} ——短路冲击电流。

二、电压互感器的选择与校验

（一）电压互感器的选择

1. 额定电压选择

一次绕组额定电压应不低于所接电网的额定电压；二次绕组额定电压应满足测量和保护用仪表的要求。

2. 准确度级选择

为了确保测量仪表的准确度，电压互感器准确度级不得低于所接仪表和继电保护装置的准确度级。

3. 二次额定容量选择

互感器的二次额定容量应不小于互感器的二次负荷容量。

（二）电压互感器的校验

电压互感器的一、二次侧均有熔断器保护，因此不需校验动稳定度和热稳定度。

【实施与考核】

实施过程：接受任务→学习本任务相关知识→回答考核问题。

考核问题：

（1）为什么电流互感器二次侧不允许开路、电压互感器二次侧不允许短路？

（2）互感器型号为"LQJ-10-300/5"，试说明其含义。

（3）互感器型号为"JDZJ-10"，试说明其含义。

（4）电流互感器、电压互感器的使用注意事项有哪些？

任务四　导线及其选择

【必备知识】

导线包括裸导线、绝缘导线和电缆等。起汇集、分配和传送电能作用的导线又称母线。

一、母线的截面形状及适用场合

母线的截面形状有矩形和圆形（管形）。

（一）矩形母线

矩形母线散热面大、冷却条件好。由于集肤效应的影响，同一截面的矩形母线比圆形母线的允许通过电流大，因此 35 kV 及以下户内配电装置大都采用矩形母线。

（二）圆形（管形）母线

在强电场作用下，矩形母线四角电场集中易引起电晕现象，而圆形母线无电场集中现象，并且随直径增大，表面电场强度减小，因此在 35 kV 以上的高压配电装置中多采用圆形母线或管形母线。

二、母线的着色

母线的着色具有下列优点：

（1）防止氧化。

（2）便于工作人员识别直流极性和交流相别。

（3）有利于母线散热，提高其允许载流量（着色后的母线允许电流提高 12%～15%）。

母线着色的标准为：

（1）直流装置：正极涂红色，负极涂蓝色。

（2）交流装置：A 相涂黄色，B 相涂绿色，C 相涂红色。

（3）中性线：不接地的中性线涂白色，接地中性线涂紫色。

为了方便发现接头缺陷和具有良好的接触效果，所有接头部位均不着色。

【技术手册】

一、导线的选择

导线需要消耗大量的有色金属，因此在选择导线时，既要保证系统的安全性、可靠性，又要考虑经济性。

（一）相线截面的选择

相线截面的选择有以下几种方法。

1. 按发热条件选择

由于导线存在电阻，因此电流通过导线时会使导线发热、温度升高。过高的温度会使绝缘导线和电缆的绝缘老化加速、甚至烧毁，也会使导线接头处氧化加剧，甚至烧断。为此，导线的计算电流应小于其允许载流量，即

$$I_{30} \leqslant I_{al} \tag{4-29}$$

式中，I_{30}——线路的计算电流；

I_{al}——导线的允许载流量，即导线允许长期通过的最大电流，可查有关设计手册。

这种方法适用于电流较大、线路较短的线路，如 6～10 kV 及以下高压配电线路及低压动力线路等。

按发热条件进行选择，应校验其电压损失和机械强度。

2. 按经济电流密度选择

导线截面选得大，电能损耗虽然小，但投资大；反之，导线截面选得小，投资虽然

小，但电能损耗大。综合考虑这两方面因素确定的年运行费用最低的电流密度（单位面积上流过的电流——A/mm^2），就是经济电流密度 J_{ec}。

各国根据其具体国情，特别是有色金属资源的情况，规定了导线的经济电流密度。我国规定各种导线的经济电流密度如表 4-3 所列。

表 4-3　各种导线的经济电流密度值

线路类别	导线材料	年最大负荷利用小时数/h		
		3000 以下	3000~5000	5000 以上
架空线路和母线	铜	3.00	2.25	1.75
	铝	1.65	1.15	0.90
电缆线路	铜	2.50	2.25	2.00
	铝	1.92	1.73	1.54

注：绝缘导线一般不按经济电流密度选择，故未列出。

按照经济电流密度计算的导线截面称为经济截面 S_{ec}，即

$$S_{ec} = \frac{I_{30}}{J_{ec}} \tag{4-30}$$

再按照"接近偏小"的原则选择标准截面。

这种方法适用于 35 kV 及以上的高压输电线路，以及 6~10 kV 的长距离、大电流线路。

按照经济电流密度进行选择，应校验其发热条件、电压损失和机械强度。

3. 按照电压损失选择

（1）电压损失的概念。由于线路阻抗的存在，当电流通过线路时就会产生电压损失。所谓电压损失（ΔU），指线路首末两端线电压（U_1 与 U_2）的代数差或其百分数，即

$$\Delta U = U_1 - U_2 \quad 或 \quad \Delta U\% = \frac{U_1 - U_2}{U_N} \times 100\% \tag{4-31}$$

为保证供电质量，线路的电压损失不能超过允许值，否则应适当加大导线截面。

（2）电压损失的计算。

①多个集中负荷线路电压损失的计算。如果一条线路带有多个集中负荷（如图 4-23 所示为带有两个集中负荷的三相线路），容易证明（证明过程从略）线路的电压损失为：

$$\Delta U\% = \frac{\sum_{i=1}^{n}(P_i r_i + Q_i x_i)}{U_N^2} \times 100\% = \frac{\sum_{i=1}^{n}(P_i r_0 l_i + Q_i x_0 l_i)}{U_N^2} \times 100\% \tag{4-32}$$

式中，$\Delta U\%$——全线路的电压损失；

　　　P_i——各段线路中流过的有功功率；

· 112 ·

Q_i——各段线路中流过的无功功率；

r_i——各段线路的电阻；

x_i——各段线路的电抗；

r_0——单位长度电阻；

x_0——单位长度电抗（在无法查得时，通常 $6\sim10$ kV 架空线路取 $x_0 = 0.35\sim$

$0.4\ \Omega/\mathrm{km}$，$6\sim10$ kV 电缆线路取 $x_0 = 0.07\sim0.08\ \Omega/\mathrm{km}$）；

l_i——各段线路的长度；

U_N——线路的额定电压。

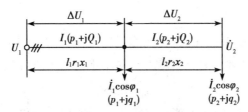

图 4-23　带有两个集中负荷的三相线路

②均匀分布负荷线路电压损失的计算。如果线路带有多个均匀分布的负荷，为方便计算，可将这些均匀分布的负荷等效成一个集中负荷，并分布于线路的中点，两者产生的电压损失是相同的。

（3）按照允许电压损失选择导线截面。

由
$$\Delta U\% = \frac{\sum_{i=1}^{n}\left(P_i r_i + Q_i x_i\right)}{U_N^2} \times 100\%$$

$$= \frac{\sum_{i=1}^{n} P_i r_i}{U_N^2} \times 100\% + \frac{\sum_{i=1}^{n} Q_i x_i}{U_N^2} \times 100\%$$

$$= \Delta U_p\% + \Delta U_q\%$$

$$= \frac{\sum_{i=1}^{n} P_i l_i}{\gamma U_N^2 S} \times 100\% + \Delta U_q\%$$

得

$$S = \frac{\sum_{i=1}^{n} P_i l_i}{\gamma U_N^2 (\Delta U\% + \Delta U_q\%)} \tag{4-33}$$

式中，S——导线截面；

γ——线路导线的电导率（$\gamma_{铜} = 53\ \mathrm{m/mm^2} \cdot \Omega$，$\gamma_{铝} = 32\ \mathrm{m/mm^2} \cdot \Omega$）；

$\Delta U_p\%$——由有功负荷及电阻引起的电压损失百分值；

$\Delta U_q\%$——由无功负荷及电抗引起的电压损失百分值。

需要说明的是，对"均一无感"（即全线截面一致，且可不计感抗）线路，无功负荷及电抗引起的电压损失百分值 $\Delta U_q\% = 0$。

这种方法适用于对电压水平要求较高的线路，如低压照明线路等。

按允许电压损失进行选择，应校验其发热条件和机械强度。

（二）中性线（N 线）、保护线（PE 线）、保护中性线（PEN 线）截面的选择

前述方法计算的是相线的截面积，具体来说，N 线、PE 线及 PEN 线对截面的要求是不同的。

1. N 线截面的选择

（1）一般三相四线制线路，由于 N 线通过的电流仅为三相不平衡电流、零序电流及三次谐波电流，通常都很小，因此其截面 S_0 应不小于相线截面 S_φ 的一半，即

$$S_0 \geqslant 0.5S_\varphi \qquad (4-34)$$

（2）由三相四线制线路分支的两相三线线路和单相双线线路，由于其 N 线电流与相线电流相等，因此其截面 S_0 应与相线截面 S_φ 相同，即

$$S_0 = S_\varphi \qquad (4-35)$$

（3）三次谐波电流突出的三相四线制线路（供整流设备的线路），由于各相的三次谐波电流都要通过 N 线，使得 N 线电流接近甚至超过相线电流，因此其截面 S_0 应等于或大于相线截面 S_φ，即

$$S_0 \geqslant S_\varphi \qquad (4-36)$$

2. PE 线截面的选择

正常情况下，PE 线不通过负荷电流，但当三相系统发生单相接地时，短路故障电流要通过 PE 线，因此其截面 S_{PE} 可按以下条件选择。

（1）当 $S_\varphi \leqslant 16 \text{ mm}^2$ 时：

$$S_{PE} \geqslant S_\varphi \qquad (4-37)$$

（2）当 $16 \text{ mm}^2 < S_\varphi \leqslant 35 \text{ mm}^2$ 时：

$$S_{PE} \geqslant 16 \text{ mm}^2 \qquad (4-38)$$

（3）当 $S_\varphi > 35 \text{ mm}^2$ 时：

$$S_{PE} \geqslant 0.5S_\varphi \qquad (4-39)$$

3. PEN 线截面的选择

PEN 线兼有 PE 线和 N 线的双重功能，其截面 S_{PEN} 应同时满足上述二者的要求，并取其中较大者。

（三）额定电压的选择

（1）绝缘导线、电缆的额定电压 $U_{N.WL}$ 应大于或等于工作电压 U，即

$$U_{\mathrm{N.WL}} \geq U \tag{4-40}$$

(2)其他导线的额定电压可视为无穷大(∞)，不必选择。

二、导线的校验

导线的校验有以下几个方面。

(一)发热条件

所选导线的允许载流量 I_{al} 应大于线路的计算电流 I_{30}，即 $I_{\mathrm{al}} \geq I_{30}$。

(二)电压损失

线路的电压损失 $\Delta U\%$ 不应超过允许值 $\Delta U_{\mathrm{al}}\%$，即 $\Delta U\% \leq \Delta U_{\mathrm{al}}\%$。

(三)机械强度

为防止断线，所选导线截面 S 应不小于该种导线在相应敷设方式下的最小允许截面 $S_{\min}$，即 $S \geq S_{\min}$。

需要说明的是，电缆具有高强度内外护套，机械强度很高，因此不必校验其机械强度，但需校验其热稳定度。此外，硬母线还应进行动稳定度校验。

例4-3　欲敷设一条很短的 TN-S 线路，其负荷主要为三相电动机，线路计算电流为 60 A，当地最热月平均气温为 35 ℃。拟采用 BLV-500 型导线穿塑料管暗敷，试选择导线和硬塑料管内径。

解　1. 导线的选择

(1)相线截面的选择。因该线路较短，故按发热条件选择。

查相关手册，温度为 35 ℃时，穿塑料管暗敷的 BLV 型(5 芯)导线，截面为 35 mm² 时的允许载流量 $I_{\mathrm{al}} = 60$ A，满足发热条件，故选相线截面：$S_{\varphi} = 35$ mm²。

(2)N 线截面的选择。由于负荷主要为三相电动机，N 线中电流很小，故 N 线截面应为：

$$S_0 \geq 0.5 S_{\varphi} = 17.5 (\mathrm{mm}^2)$$

取标准截面 $S_0 = 25$ mm²。

(3)PE 线截面的选择。按 PE 线截面的选择规定，PE 线截面选为 $S_{\mathrm{PE}} = 25$ mm²。

(4)硬塑料管的内径。查相关手册，穿线的硬塑料管内径为 65 mm。

选择结果：BLV-500-(3×35+1×25+PE25)-VG65。其中 VG(穿塑料管敷设)为线路敷设方式代号。

2. 导线的校验

(1)电压损失。因该线路较短(电压损失小)，故不必校验。

(2)机械强度。因导线穿塑料管敷设(非架空)，故不必校验。

例4-4　某厂一条 6 kV 架空线路供电给两个均为三班工作制的车间，负荷资料如图 4-24 所示。拟采用 LJ 型铝绞线供电，等距三角形排列，线距为 1 m。实测该地区最热月平均温度为 30 ℃，若全线允许电压损失 $\Delta U_{al}\% = 5\%$，试选择导线截面。

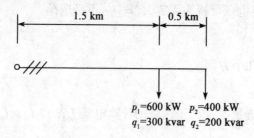

图 4-24　例 4-4 图

解　1. 导线的选择

因该线路电流较大、线路较短，故按发热条件选择。

线路的计算电流为：

$$I_{30} = \frac{\sqrt{(p_1+p_2)^2+(q_1+q_2)^2}}{\sqrt{3}\,U_N} = \frac{\sqrt{(600+400)^2+(300+200)^2}}{\sqrt{3}\times 6} = 108(\text{A})$$

查相关手册，环境温度为 30 ℃时，标称截面为 25 mm^2 的 LJ 型导线的 $I_{al} = 127$ A > $I_{30} = 108$ A，满足发热条件，故初选导线型号为：LJ-25。

2. 导线的校验

(1)电压损失。依据已知条件查相关手册，$r_0 = 1.33$ Ω/km，$x_0 = 0.38$ Ω/km。

第一段线路参数：$P_1 = p_1+p_2 = 600+400 = 1000(\text{kW})$

$$Q_1 = q_1+q_2 = 300+200 = 500(\text{kvar})$$

$$r_1 = r_0 l_1 = 1.33\times 1.5 = 2.0(\Omega)$$

$$x_1 = x_0 l_1 = 0.38\times 1.5 = 0.57(\Omega)$$

第二段线路参数：$P_2 = p_2 = 400(\text{kW})$

$$Q_2 = q_2 = 200(\text{kvar})$$

$$r_2 = r_0 l_2 = 1.33\times 0.5 = 0.67(\Omega)$$

$$x_2 = x_0 l_2 = 0.38\times 0.5 = 0.19(\Omega)$$

将所有参数的单位统一为基本单位(W，var，Ω，V)，则导线电压损失

$$\Delta U\% = \frac{\sum\limits_{i=1}^{n}(P_i r_i + Q_i x_i)}{U_N^2} \times 100\%$$

$$= \frac{(1000\times 2.0 + 500\times 0.57 + 400\times 0.67 + 200\times 0.19)\times 10^3}{(6\times 10^3)^2} \times 100\%$$

$$= 7.2\% > \Delta U_{al}\% = 5\%$$

不满足电压损失要求。

(2)机械强度。查相关手册，6 kV 架空铝线在非居民区的最小截面为 25 mm^2，因此

机械强度满足要求。

3. 结论

虽然机械强度满足要求，但电压损失不满足要求，因此，所选截面不合格。

原因分析：造成 $\Delta U\%$ 过高的原因是 r_0 和 x_0 太大。由于 r_0 和 x_0 随导线截面的增大而减小，因此，应适当增大导线截面。

【重解】1. 导线的选择

改选标称截面为 50 mm^2，其 $I_{al} = 202\ A > I_{30} = 108\ A$，满足发热条件。

2. 导线的校验

（1）电压损失。依据已知条件查相关手册，$r_0 = 0.66\ \Omega/km$，$x_0 = 0.36\ \Omega/km$。

经计算，$\Delta U\% = 4.0\% < \Delta U_{al}\% = 5\%$，满足电压损失要求。

（2）机械强度。同上，满足要求。

3. 结论

选 LJ-50 型导线满足要求。

例 4-5 试按照电压损失选择例 4-4 导线截面。

解 1. 导线的选择

取 $x_0 = 0.4\ \Omega/km$，由无功负荷及电抗引起的电压损失

$$\Delta U_q\% = \frac{\sum\limits_{i=1}^{n} Q_i x_i}{U_n^2} \times 100\% = 0.944\%$$

导线截面积

$$S = \frac{\sum\limits_{i=1}^{n} p_i l_i}{\gamma U_N^2 (\Delta U\% - \Delta U_q\%)}$$

$$= \frac{1000 \times 10^3 \times 1.5 \times 10^3 + 400 \times 10^3 \times 0.5 \times 10^3}{32 \times (6 \times 10^3)^2 \times (5\% - 0.944\%)} = 36.38 (mm^2)$$

查相关手册，初选 LJ-50 型导线。

2. 导线的校验

（1）发热条件。

$$I_{al} = 202\ A > I_{30} = 108\ A，满足。$$

（2）机械强度。方法同例 4-4，满足。

3. 结论

选 LJ-50 型导线满足要求。

例 4-6 试按照经济密度选择例 4-4 导线截面。

解 1. 导线的选择

三班制车间的 $T_{max} = 5000 \sim 7000$ h，查表 4-4 得 $J_{ec} = 0.9$ A/mm²，因此可得：

$$S_{ec} = \frac{I_{30}}{J_{ec}} = \frac{108}{0.9} = 120(\text{mm}^2)$$

按"接近偏小"的原则选标准截面，即 LJ-120 型导线。

2. 导线的校验

（1）发热条件。查相关手册，其 $I_{al} = 353$ A$>I_{30} = 108$ A，满足。

（2）电压损失。依据已知条件查相关手册，$r_0 = 0.28$ Ω/km，$x_0 = 0.33$ Ω/km。因此，$\Delta U\% = 2.1\% < \Delta U_{al}\% = 5\%$，满足电压损失要求。

（3）机械强度。同例 4-4，满足要求。

3. 结论

选 LJ-120 型导线满足要求。

通过上面三个例子可以看出：采用不同的选择方法会得出不同的结论，因此，导线的选择应综合考虑。就本例而言，经综合分析比较，选 LJ-50 型导线较为合理。

【实施与考核】

实施过程：接受任务→学习本任务相关知识→回答考核问题。

考核问题：

（1）交流装置 A 相、B 相、C 相的颜色应分别是什么？

（2）导线的选择方法有哪几种？各适用于什么场合？

任务五　低压开关设备及其选择

【必备知识】

一、低压刀开关

（一）低压刀开关的作用

低压刀开关主要用于不频繁手动通断电路或隔离电源，以保证检修安全。

（二）低压刀开关的型号含义

①②③-④/⑤⑥

①产品名称：H——刀开关；

②结构型式：D——单投，S——双投；

③机构特征：11——中央手柄式，12——侧面正面杠杆操作，13——中央正面杠杆操作，14——侧面手柄式；

④额定电流（A）；

⑤极数：1——单级，2——双极，3——三极；

⑥其他特征：0——无灭弧罩，1——有灭弧罩，8——板前接线，9——板后接线。

（三）常用低压刀开关简介

常用的低压刀开关有 HD13，HS13 型等。HD13 型刀开关如图 4-25 所示。

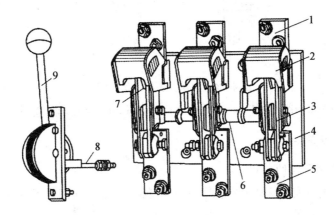

图 4-25 HD13 型刀开关

1—上接线端子；2—灭弧罩；3—闸刀；4—底座；5—下接线端子；

6—主轴；7—静触头；8—连杆；9—操作手柄

二、低压刀熔开关（熔断器式刀开关）

（一）低压刀熔开关的作用

刀熔开关具有刀开关和熔断器的双重功能，它不仅能通断电路、隔离电源，还能进行短路保护。

（二）低压刀熔开关的型号含义

①②③-④/⑤⑥

①产品名称：H——刀开关。

②结构型式：R——熔断器式。

③设计序号。

④额定电流（A）。

⑤极数。

⑥其他特征：1——前面侧方操作，前面检修；2——前面中央操作，后面检修；3——侧面操作，前面检修。

（三）常用低压刀熔开关简介

常用的低压刀熔开关有 HR3，HR5 型等。HR3 型刀开关是将 HD 型刀开关的闸刀换以 RT0 型熔断器的具有刀形触头的熔管，其结构如图 4-26 所示。

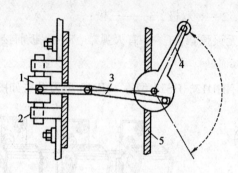

图4-26　刀熔开关结构示意图

1—RT0型熔断器的熔体；2—弹性插座；3—连杆；4—操作手柄；5—配电屏面板

三、低压负荷开关

(一)低压负荷开关的作用

低压负荷开关具有带灭弧罩的刀开关和熔断器的双重功能，既可带负荷操作，又能进行短路保护。

(二)低压负荷开关的型号含义

$$①②③-④/⑤$$

①产品名称：H——刀开关；

②结构型式：H——封闭式，K——开启式；

③设计序号；

④额定电流(A)；

⑤极数。

(三)常用低压负荷开关简介

1. 开启式负荷开关

开启式负荷开关又称瓷底胶盖刀开关，常用的有 HK2 等系列，其结构如图4-27所示。

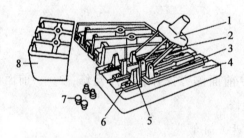

图4-27　HK2系列开启式负荷开关

1—瓷柄；2—动触刀；3—出线座；4—瓷底座；5—静触刀；6—进线座；7—胶盖紧固螺钉；8—胶盖

2. 封闭式负荷开关

封闭式负荷开关将刀开关和熔断器的串联组合安装在金属盒内，因此又称"铁壳开关"。封闭式负荷开关的操作机构有两个特点：一是采用储能合闸方式，即利用弹簧储存的能量来完成合闸和分闸动作，使开关闭合和分断的速度与操作速度无关，而与弹簧储存能量的多少有关，它既有助于改善开关的动作性能和灭弧性能，又能防止触点停滞在中间位置；二是设有机械锁，保证了开关在合闸状态时不能打开铁壳箱盖，而在箱盖打开后不能合闸。常用的封闭式负荷开关有 HH10，HH11 等系列，其结构如图 4-28 所示。

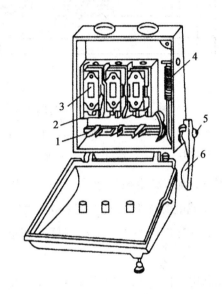

图 4-28 封闭式负荷开关

1—触刀；2—夹座；3—熔断器；4—速断弹簧；5—转轴；6—手柄

四、低压断路器

(一)低压断路器的作用

低压断路器又称自动空气开关或自动空气断路器，它不仅能不频繁地接通和分断电路，还能对电路或电气设备发生的过载、短路、欠压或失压等进行保护。

图 4-29 为低压断路器的结构示意图，其工作原理如下。

(1)接通电路。按下接通按钮 14，若线路电压正常，欠电压脱扣器 11 产生足够的吸力，克服拉力弹簧 9 的作用将衔铁 10 吸合，衔铁与杠杆脱离。这样，外力使锁扣 3 克服压力弹簧 16 的斥力，锁住搭钩 4，接通电路。

(2)分断电路。按下分断按钮 15，搭钩 4 与锁扣 3 脱扣，锁扣 3 在压力弹簧 16 的作用下被推回，使动触头 1 与静触头 2 分断，断开电路。

(3)短路或严重过载保护。超过过流脱扣器整定值的故障电流将使脱扣器 6 产生足够大的吸力，将衔铁 8 吸合并撞击杠杆 7，使搭钩 4 绕转轴座 5 向上转动与锁扣 3 脱开，

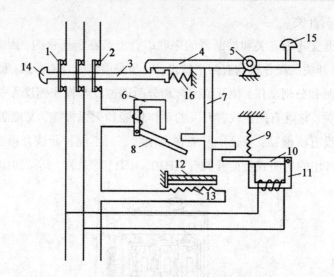

图 4-29 自动空气开关原理图

1—动触头；2—静触头；3—锁扣；4—搭钩；5—转轴座；6—过流脱扣器；7—杠杆；8，10—衔铁；
9—拉力弹簧；11—欠电压脱扣器；12—双金属片；13—热元件；14，15—按钮；16—压力弹簧

锁扣在压力弹簧 16 的作用下，将三副主触头分断，切断电源。

（4）一般性过载保护。过载电流虽不能使过流脱扣器动作，但能使热元件 13 产生一定的热量，促使双金属片 12 受热向上弯曲，推动杠杆 7 使搭钩与锁扣脱开，将主触头分断。

（5）欠失压保护。当线路电压降到某一数值或电压全部消失时，欠电压脱扣器吸力减小或消失，衔铁 10 被拉力弹簧 9 拉回并撞击杠杆 7，将三副主触头分断，切断电源。

（二）低压断路器的型号含义

$$①②③-④⑤/⑥⑦$$

①产品名称：D——断路器；

②结构型式：Z——塑料外壳式（装置式），W——万能式（框架式）；

③设计序号；

④额定电流（A）；

⑤派生代号：L——漏电保护，M——密封式，P——电动操作，X——限流式；

⑥极数；

⑦脱扣器及辅助机构代号。

（三）常用低压断路器简介

（1）万能式低压断路器。常用的 DW 系列低压断路器有 DW10，DW15 等。DW10 型万能式低压断路器的外形结构如图 4-30 所示。

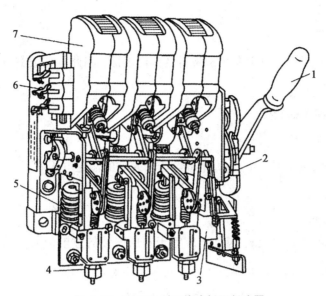

图 4-30　DW10 型万能式低压断路器

1—操作手柄；2—自由脱扣机构；3—失压脱扣器；4—过流脱扣器电流调节螺母；

5—过电流脱扣器；6—辅助触点；7—灭弧罩

（2）塑料外壳式低压断路器。常用的 DZ 系列低压断路器有 DZ10、DZ15 等。塑壳式低压断路器的全部机构和导电部分都装设在一个塑料外壳内，仅在壳盖中央露出操作手柄。DZ10 型塑壳式低压断路器的剖面结构如图 4-31 所示。

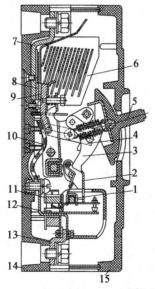

图 4-31　DZ10 型塑壳式低压断路器的剖面结构图

1—牵引杆；2—锁扣；3—跳钩；4—连杆；5—操作手柄；6—灭弧室；7—引入线和接线端子；

8—静触头；9—动触头；10—可挠连接条；11—电磁脱扣器；12—热脱扣器；

13—引出线和接线端子；14—塑料底座；15—塑料盖

【技术手册】

在低压开关设备中，由于低压断路器最具代表性，因此本任务只介绍低压断路器的选择、整定与校验。

一、低压断路器的选择

（一）额定电压

低压断路器的额定电压 U_N 应大于或等于安装处的额定电压 $U_{N.WL}$，即

$$U_N \geq U_{N.WL} \tag{4-41}$$

（二）额定电流

低压断路器的额定电流 I_N 应大于或等于它所安装的过电流脱扣器的额定电流 $I_{N.OR}$ 与热脱扣器的额定电流 $I_{N.HR}$，即

$$I_N \geq I_{N.OR},\ I_N \geq I_{N.HR} \tag{4-42}$$

其中，过电流脱扣器的额定电流 $I_{N.OR}$ 应大于等于线路的计算电流，即

$$I_{N.OR} \geq I_{30} \tag{4-43}$$

热脱扣器的额定电流 $I_{N.HR}$ 应大于等于线路的计算电流，即

$$I_{N.HR} \geq I_{30} \tag{4-44}$$

（三）断流能力

对动作时间在 0.02 s 以上的 DW 系列断路器，其最大分断电流 I_{oc} 应按照三相短路电流稳态值 $I_k^{(3)}$ 考虑，即

$$I_{oc} \geq I_k^{(3)} \tag{4-45}$$

对动作时间在 0.02 s 及以下的 DZ 系列断路器，其最大分断电流 I_{oc} 应按照三相短路冲击电流 $I_{sh}^{(3)}$ 考虑，即

$$I_{oc} \geq I_{sh}^{(3)} \tag{4-46}$$

二、低压断路器的整定

（一）低压断路器过电流脱扣器的整定

1. 瞬时过电流脱扣器动作电流的整定

瞬时过电流脱扣器的动作电流 $I_{op(o)}$ 应躲过线路的尖峰电流 I_{pk}，即

$$I_{op(o)} \geq K_{co} I_{pk} \tag{4-47}$$

式中，K_{co}——可靠系数。动作时间在 0.02 s 以上的 DW 系列断路器取 $K_{co} = 1.35$；动作时间在 0.02 s 及以下的 DZ 系列断路器取 $K_{co} = 2 \sim 2.5$。

2. 短延时过电流脱扣器动作电流和时间的整定

短延时过电流脱扣器的动作电流 $I_{op(s)}$ 应躲过线路的尖峰电流 I_{pk}，即

$$I_{op(s)} \geq K_{co} I_{pk} \tag{4-48}$$

式中，K_{co}——可靠系数，取 $K_{co} = 1.2$。

短延时过电流脱扣器的动作时间分 0.2，0.4，0.6 s 三级，通常要求前一级保护的动作时间比后一级保护的动作时间长一个时间级差（0.2 s）。

3. 长延时过电流脱扣器动作电流和时间的整定

长延时过电流脱扣器一般用作过负荷保护，动作电流 $I_{op(l)}$ 仅需躲过线路的计算电流，即

$$I_{op(l)} \geq K_{co} I_{30} \tag{4-49}$$

式中，K_{co}——可靠系数，取 $K_{co} = 1.1$。

动作时间应躲过线路允许过负荷的持续时间，其动作特性通常为反时限，即过负荷电流越大，动作时间越短。

4. 过电流脱扣器与被保护线路的配合

当线路过负荷或短路时，为防止绝缘导线或电缆因过热烧毁而低压断路器的过电流脱扣器拒动的事故发生，要求

$$I_{op} \leq K_{OL} I_{al} \tag{4-50}$$

式中，I_{al}——为绝缘导线或电缆的允许载流量；

　　K_{OL}——为绝缘导线或电缆的允许短时过负荷系数。对瞬时和短延时过电流脱扣器取 4.5；对长延时过电流脱扣器取 1；对保护有爆炸性气体区域内的线路，取 0.8。

如果按上述整定方法选择的过电流脱扣器不满足与被保护线路的配合要求，可依据具体情况改选过电流脱扣器的动作电流，或适当加大绝缘导线或电缆的截面。

（二）低压断路器热保护脱扣器的整定

热保护脱扣器用作过负荷保护，其动作电流 $I_{op.HR}$ 需躲过线路的计算电流，即

$$I_{op.HR} \geq K_{co} I_{30} \tag{4-51}$$

式中，K_{co}——可靠系数，通常取 $K_{co} = 1.1$，但一般应通过实际测试进行调整。

（三）灵敏度

低压断路器还应满足保护对灵敏度的要求，以保证在保护区内发生短路故障时能可靠动作，切除故障。保护灵敏度可按下式进行校验：

$$S_P = \frac{I_{k.min}}{I_{op}} \geq K \tag{4-52}$$

式中，I_{op}——低压断路器瞬时或短延时过电流脱扣器的动作电流；

　　K——保护最小灵敏度，一般取 $K = 1.3$；

　　$I_{k.min}$——被保护线路末端在系统最小运行方式下的最小短路电流。对 TT 和 TN 系统取单相短路电流或单相接地电流；对 IT 系统取两相短路电流。

三、低压断路器的校验

由于低压电路的短路电流较小，其热效应和电动效应并不明显，因此，低压开关设备一般不校验其热稳定度和动稳定度。

例4-7 一条380 V三相四线制线路供电给一台电动机。已知电动机的额定电流为80 A，启动电流为330 A，线路首端的三相短路电流为18 kA，线路末端的三相短路电流为8 kA，环境温度为25 ℃，BX-500型穿塑料管暗敷的导线载流量为122 A。拟采用DW16型低压断路器进行瞬时过电流保护，试选择整定DW16型低压断路器。

解 1. 断路器的选择

（1）额定电压。通常，DW16型断路器的额定电压均大于380 V。

（2）额定电流。过电流脱扣器的额定电流 $I_{N.OR}$ 应躲过线路的计算电流。查相关手册，在DW16-630型低压断路器的过流脱扣器额定电流系列中，

$$I_{N.OR} = 100 \ A > I_{30} = 80 \ (A)$$

故初选DW16-630/100型低压断路器。

（3）断流能力。查相关手册，DW16-630型断路器的最大分断电流 $I_{oc} = 30 \ kA > I_k^{(3)} = 18 \ (kA)$，满足要求。

2. 断路器的整定

（1）过电流脱扣器的整定。

①瞬时过电流脱扣器动作电流的整定：瞬时过电流脱扣器的动作电流 $I_{op(o)}$ 应躲过线路的尖峰电流 I_{pk}，即

$$I_{op(o)} \geq K_{co}I_{pk} = 1.35 \times 330 = 445.5 \ (A)$$

因此，可将过流脱扣器的动作电流整定为5倍的脱扣器额定电流，即 $I_{op(o)} = 100 \times 5 = 500 \ (A)$，满足躲过尖峰电流的要求。

②过电流脱扣器与被保护线路的配合：过流脱扣器的动作电流 $I_{op} = 500 \ A < K_{OL}I_{al} = 4.5 \times 122 = 550 \ (A)$，满足配合要求。

（2）灵敏度。线路末端三相短路电流为8 kA，则

$$S_p = \frac{I_{k.min}}{I_{op}} = \frac{0.866 \times 8 \times 10^3}{500} \approx 14 > 1.3$$

满足灵敏度要求。

3. 结论

选DW16-630/100型低压断路器。

其他低压开关设备的选择比较简单，可参照表4-2的要求进行，此处不再赘述。

【实施与考核】

实施过程：接受任务→学习本任务相关知识→回答考核问题。

考核问题：

（1）刀开关、低压负荷开关、低压断路器各有何特点？

（2）某开关型号为"HD11-100/1"，试说明其含义。

（3）某开关型号为"HR3-100"，试说明其含义。

（4）某开关型号为"DZ10-100/3"，试说明其含义。

（5）有一条380 V动力线路，其计算电流为120 A，尖峰电流为400 A。该线路首端的三相短路电流为5 kA，末端的单相短路电流为1.2 kA。当地环境温度为30 ℃。该线路采用三根BLV-1000-1×70导线穿硬塑管敷设。试选择整定此线路上装设的DW16型低压断路器。

任务六　电力变压器及其选择

【必备知识】

一、电力变压器结构

电力系统中电力变压器主要用来变换电压。典型的三相油浸式电力变压器结构如图4-32所示，它主要由以下几部分组成。

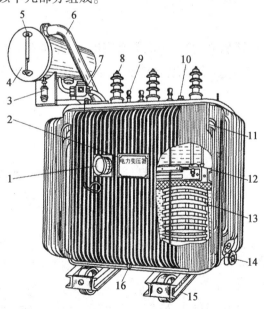

图4-32　三相油浸式电力变压器

1—信号温度计；2—铭牌；3—吸湿器；4—油枕；5—油位指示器；6—防爆管；
7—瓦斯继电器；8—高压套管；9—低压套管；10—分接开关；11—油箱；
12—铁芯；13—绕组及绝缘；14—放油阀；15—小车；16—接地端子

(一)铭牌

变压器铭牌上主要有如下参数。

1. 变压器的型号

$$①②③④⑤⑥-⑦/⑧$$

①相数：S——三相，D——单相；

②绝缘：C——成型固体，G——空气，油浸式不表示；

③冷却：F——风冷，P——强迫油循环，自然冷却不表示；

④调压：Z——有载调压，无载调压不表示；

⑤绕组材质：L——铝，铜不表示；

⑥设计序号；

⑦额定容量(kV·A)；

⑧一次绕组额定电压(kV)。

例如，型号为 SL7-800/10 的变压器，其含义为：三相油浸自冷式无载调压铝绕组电力变压器，设计序号为 7，额定容量为 800 kV·A，一次侧额定电压为 10 kV。

2. 额定电压

变压器的额定电压(线电压)包括一次侧额定电压(U_{1N})和二次侧额定电压(U_{2N})。一次侧额定电压指一次侧应加的电源电压，二次侧额定电压指一次侧加上额定电压时二次侧的开路电压，单位是 V 或 kV。

3. 额定电流

变压器的额定电流(线电流)包括一次侧额定电流(I_{1N})和二次侧额定电流(I_{2N})，是变压器在额定电压下一次、二次绕组允许长期通过的电流，单位是 A 或 kA。其计算公式：

(1)单相变压器：

$$I_{1N} = \frac{S_{N.T}}{U_{1N}}, \quad I_{2N} = \frac{S_{N.T}}{U_{2N}} \tag{4-53}$$

(2)三相变压器：

$$I_{1N} = \frac{S_{N.T}}{\sqrt{3}\, U_{1N}}, \quad I_{2N} = \frac{S_{N.T}}{\sqrt{3}\, U_{2N}} \tag{4-54}$$

式中，$S_{N.T}$——变压器额定容量。

4. 额定容量

额定容量($S_{N.T}$)是指环境温度为 20 ℃、户外安装时，在规定的使用年限(一般规定为 20 年)内所能连续输出的最大视在功率，单位是 V·A 或 kV·A。其计算公式为：

(1)单相变压器：

$$S_{N.T} = U_{2N} I_{2N} \tag{4-55}$$

（2）三相变压器：

$$S_{N.T} = \sqrt{3}\, U_{2N} I_{2N} \tag{4-56}$$

当环境温度发生变化时，其实际容量将相应改变。环境温度每升高（降低）1 ℃，实际容量将相应减少（增加）约1%。因此变压器的实际容量 S_T 可按下式计算：

对户外变压器，其实际容量为：

$$S_T \approx \left(1 - \frac{\theta_{av} - 20}{100}\right) S_{N.T} \tag{4-57}$$

对户内变压器，因其环境温度一般比户外高8 ℃（容量相应减少8%），故其实际容量为：

$$S_T \approx \left(0.92 - \frac{\theta_{av} - 20}{100}\right) S_{N.T} \tag{4-58}$$

变压器是一种必要时可以过负荷运行的电气设备，一般情况下，户内变压器过负荷不得超过其额定容量的20%，户外变压器过负荷不得超过其额定容量的30%。

5. 短路电压（阻抗电压）$U_k\%$

为方便实验，将变压器二次侧短路，一次侧施加电压并逐渐升高，当二次侧产生的短路电流等于二次额定电流 I_{2N} 时，一次侧所施加的电压称为短路电压 U_k。通常，用相对于额定电压的百分数表示短路电压（阻抗电压），即

$$U_k\% = \frac{U_k}{U_{1N}} \times 100\% \tag{4-59}$$

6. 空载电流 $I_0\%$

为方便实验，将变压器一次侧开路，当二次侧施加额定电压 U_{2N} 时，流过二次绕组的电流称为空载电流 I_0。通常，用相对于额定电流的百分数表示空载电流，即

$$I_0\% = \frac{I_0}{I_{2N}} \times 100\% \tag{4-60}$$

7. 空载损耗（铁损）P_0

它是指变压器空载运行时，铁芯中消耗的功率，包括磁滞损耗和涡流损耗。其单位是 W 或 kW。

8. 短路损耗（铜损）P_k

它是指变压器一次（或二次）绕组流过的额定电流在该绕组的电阻中消耗的功率。其单位是 W 或 kW。

9. 额定温升

额定温升是指允许变压器的温度超出环境温度（+40 ℃）的最大值。《电力变压器第二部分：温升》（GB 1094.2-1996）规定：变压器绕组的极限工作温度为105 ℃（即绕组允许温升为65 ℃）。由于绕组的温度一般比变压器的温度（上层油温）高10 ℃，故变压器上层油温

不得超过 95 ℃(即允许温升为 55 ℃)。实际运行中,为防止油老化,通常将监视温度设定在 85 ℃(即允许温升为 45 ℃)及以下。

10. 连接组别

它表示原、副绕组的连接方式以及原、副绕组对应线电压之间的相位关系。

11. 绝缘等级

变压器的绝缘等级是指其所用绝缘材料的耐热等级,分 A, E, B, F, H 级,对应的最高运行温度分别是 105, 120, 130, 155, 180 ℃。

(二)吸湿器

它是一个内装干燥剂(如硅胶)的玻璃容器。其作用是吸收进入油枕空气中的水蒸气,保证变压器油的纯度。

(三)油枕(储油柜)

它是由钢板焊接而成的圆筒,主要作用是储油和补油,以保证变压器的油位高度,减缓油的氧化过程。

(四)防爆管

它是一根一端与油箱联通、另一端用薄玻璃密封的金属管。其作用是当变压器内部发生严重的短路故障,产生的大量气体使油箱内压力剧增而保护装置拒动时,气体和油流将冲破玻璃向外喷出,防止变压器油箱发生爆炸。它是变压器内部故障的最后保护。

(五)瓦斯继电器

它安装在油箱和油枕中间的连通管上。当变压器内部发生严重程度不同的故障时,其相应的触点动作,发出报警信号或直接作用于跳闸。

(六)高、低压套管

其作用是连接变压器内、外电路,并使导线对地绝缘。

(七)分接开关(调压开关)

它用于改变一、二次侧绕组的匝数比,以调节输出电压。调压方法主要有以下两种。

1. 无载调压

在不带负载的情况下切换分接开关的分接头,来调节输出电压。

2. 有载调压

在保证不切断负载电流的情况下切换分接开关的分接头,来调节输出电压,其关键部件是有载分接开关。

(八)油箱

油箱由钢板焊接而成,主要作用是支持、固定所有部件,并盛装起绝缘、冷却和灭弧作用的变压器油。

(九)铁芯

铁芯一般采用 0.35~0.5 mm 厚、涂有绝缘漆或表面氧化膜的硅钢片叠装而成,以减少涡流损耗。它既是变压器的磁通通道，也是器身的骨架。

（十）绕组

其一般由绝缘铝线或铜线绕成，主要作用是产生磁通。

（十一）其他

此外，电力变压器的组成还包括测量显示变压器内部油温的信号温度计、显示变压器内部油面高度的油标、散热器、放油阀、接地端子等。

二、变压器的并列运行与经济运行

（一）变压器的并列运行

所谓变压器的并列运行，是指两台或多台变压器的一、二次同相端子分别并联到一、二次公共母线上，共同向负载供电的运行方式，其单线系统图如图4-33所示。

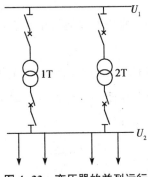

图4-33　变压器的并列运行

1. 变压器并列运行的目的

变压器并列运行既能提高运行的经济性，又能提高供电的可靠性。

（1）提高变压器运行的经济性。根据实际需要确定变压器的台数，可减少备用容量，减少初期投资；根据实际需要投入或切除变压器，可减少变压器本身的损耗。

（2）提高供电可靠性。当并列运行的变压器有一台发生故障或需要检修时，可将其切除，而不中断向重要负荷供电。

2. 变压器并列运行的条件

变压器并列运行的理想状态是：空载时各台变压器二次绕组之间没有环流，负载时各变压器分担的负载与其额定容量成正比，负载时各台变压器对应相的电流同相位。为了达到上述理想状态，并列运行的变压器应满足下列条件。

（1）变压器的连接组别相同。如果变压器的连接组别不同，并列运行变压器的二次绕组内将产生很大的环流，其数值可达额定电流的很多倍，会烧坏变压器，因此连接组别不同的变压器严禁并列运行。

（2）变压器的变比相同（允许有±0.5%的差值）。变压器的变比若不同，空载时二次回路会产生电压，由此产生环流；负载时影响负荷的合理分配，变比小的变压器分担的负载多，变比大的变压器分担的负载少。因此，并列运行变压器的变比应尽量相同，相差不能超过±0.5%。

（3）变压器的短路电压相等（允许有±10%的差值）。变压器的短路电压若不相等，由于负荷分配与短路电压成反比，当短路电压数值大的变压器满载时，短路电压数值小的变压器会过载，影响负荷的合理分配。因此，并列运行变压器的短路电压应尽量相等，相差不能超过±10%。

（4）并列运行变压器的容量比一般不宜超过 3∶1。并列运行变压器的容量比一般不宜超过 3∶1；否则，若变压器的短路电压相差较大，而容量较小的变压器短路电压小，会使容量大的变压器尚未达到满载，容量较小的变压器却因严重过载而烧毁。

（二）变压器的经济运行

所谓变压器的经济运行，是指变压器损耗最小、经济效益最佳的运行方式。

1. 变压器的损耗

变压器的损耗包括有功损耗和无功损耗两部分。无功损耗也会引起电力系统有功损耗的增加，这是因为无功功率的存在使得系统中电流增大，从而使有功损耗增加。

由无功损耗 ΔQ_T 引起的有功损耗

$$\Delta P_Q = K_q \Delta Q_T \tag{4-61}$$

式中，K_q——无功功率经济当量，表示电力系统每增加 1 kvar 的无功功率，引起的有功损耗值，通常取 $K_q \approx 0.1$ kW/kvar；

因此，一台变压器单独运行（承担全部负荷 S）时的有功损耗换算值

$$\Delta P_1 \approx \Delta P_T + \Delta P_Q = \Delta P_0 + K_q \Delta Q_0 + (\Delta P_K + K_q \Delta Q_N)\left(\frac{S}{S_N}\right)^2 \tag{4-62}$$

式中，ΔP_T——变压器的有功损耗；

ΔP_0——变压器空载有功损耗，可查表；

ΔQ_0——变压器空载无功损耗，$\Delta Q_0 \approx I_0\% S_N$；

ΔP_K——变压器短路有功损耗，可查表；

ΔQ_N——变压器额定负荷时的无功损耗，$\Delta Q_N \approx U_k\% S_N$；

S_N——变压器的额定容量。

2. 变压器的经济运行

（1）一台变压器运行的经济负荷。要使变压器在经济负荷下运行，就必须满足变压器单位容量的有功损耗换算值（$\frac{\Delta P}{S}$）最小，根据式（4-62），令 $\frac{d(\Delta P/S)}{dS} = 0$，可得一台变压器的经济负荷

$$S_{\mathrm{ec(T)}} = S_{\mathrm{N}}\sqrt{\frac{\Delta P_0 + K_q \Delta Q_0}{\Delta P_{\mathrm{K}} + K_q \Delta Q_{\mathrm{N}}}} = K_{\mathrm{ec(T)}} S_{\mathrm{N}} \tag{4-63}$$

式中，$K_{\mathrm{ec(T)}}$——变压器的经济负荷率。

例 4-8　试计算 SL7-1000/10 型变压器的经济负荷。

解　查相关手册，SL7-1000/10 型变压器的有关数据为：$\Delta P_0 = 1.8\ \mathrm{kW}$，$\Delta P_{\mathrm{K}} = 11.6\ \mathrm{kW}$，$I_0\% = 1.4\%$，$U_{\mathrm{K}}\% = 4.5\%$，则

$$\Delta Q_0 \approx I_0\% S_{\mathrm{N}} = 1.4\% \times 1000 = 14(\mathrm{kvar})，\quad \Delta Q_{\mathrm{N}} \approx U_{\mathrm{K}}\% S_{\mathrm{N}} = 4.5\% \times 1000 = 45(\mathrm{kvar})$$

$$S_{\mathrm{ec(T)}} = S_{\mathrm{N}}\sqrt{\frac{\Delta P_0 + K_q \Delta Q_0}{\Delta P_{\mathrm{K}} + K_q \Delta Q_{\mathrm{N}}}} = 1000 \times \sqrt{\frac{1.8 + 0.1 \times 14}{11.6 + 0.1 \times 45}} = 446(\mathrm{kV \cdot A})$$

即一台 SL7-1000/10 型变压器在负荷为 446 kV·A 运行时最经济。

（2）两台变压器经济运行的临界负荷。两台相同变压器并列运行（每台承担 $S/2$）时的有功损耗换算值

$$\Delta P_{\mathrm{II}} \approx 2(\Delta P_0 + K_q \Delta Q_0) + 2(\Delta P_{\mathrm{K}} + K_q \Delta Q_{\mathrm{N}})\left(\frac{S}{2S_{\mathrm{N}}}\right)^2 \tag{4-64}$$

根据 ΔP_{I} 和 ΔP_{II} 随 S 变化的曲线，两条曲线交点 a 对应的负荷 S_{cr} 称为变压器经济运行的临界负荷，如图 4-34 所示。

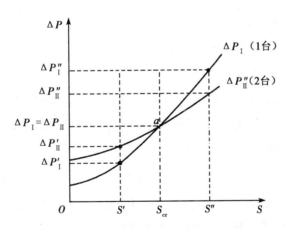

图 4-34　两台变压器经济运行的临界负荷

由图 4-34 可知：

① 当 $S = S' < S_{\mathrm{cr}}$ 时，因 $\Delta P'_{\mathrm{I}} < \Delta P'_{\mathrm{II}}$，故一台变压器单独运行最经济；

② 当 $S = S'' < S_{\mathrm{cr}}$ 时，因 $\Delta P'_{\mathrm{I}} < \Delta P'_{\mathrm{II}}$，故两台变压器并列运行最经济；

③ 当 $S = S_{\mathrm{cr}}$ 时，因 $\Delta P'_{\mathrm{I}} = \Delta P'_{\mathrm{II}}$，即

$$\Delta P_0 + K_q \Delta Q_0 + (\Delta P_{\mathrm{K}} + K_q \Delta Q_{\mathrm{N}})\left(\frac{S}{S_{\mathrm{N}}}\right)^2 = 2(\Delta P_0 + K_q \Delta Q_0) + 2(\Delta P_{\mathrm{K}} + K_q \Delta Q_{\mathrm{N}})\left(\frac{S}{2S_{\mathrm{N}}}\right)^2$$

则 2 台相同变压器经济运行的临界负荷为：

$$S=S_{cr}=S_N \sqrt{2 \times \frac{\Delta P_0 + K_q \Delta Q_0}{\Delta P_K + K_q \Delta Q_N}} \qquad (4-65)$$

例4-9 试计算两台 SL7-1000/10 型变压器经济运行的临界负荷。

解 由例4-8的相关数据可得:

$$S_{cr}=S_N \sqrt{2 \times \frac{\Delta P_0 + K_q \Delta Q_0}{\Delta P_K + K_q \Delta Q_N}} = 1000 \times \sqrt{2 \times \frac{1.8 + 0.1 \times 14}{11.6 + 0.1 \times 45}} = 630 (kV \cdot A)$$

即实际负荷 $S<630$ kV·A 时,一台变压器单独运行最经济;实际负荷 $S>630$ kV·A 时,两台变压器并列运行最经济。

(3) n 台变压器经济运行的临界负荷。同理, n 台相同变压器经济运行的临界负荷为:

$$S_{cr}=S_N \sqrt{(n-1)n \frac{\Delta P_0 + K_q \Delta Q_0}{\Delta P_K + K_q \Delta Q_N}} \qquad (4-66)$$

①当 $S<S_{cr}$ 时, $n-1$ 台变压器并列运行最经济;

②当 $S>S_{cr}$ 时, n 台变压器并列运行最经济。

【技术手册】

一、变压器型式的选择

选择电力变压器的型式应遵守以下原则。

(1)优先选用低损耗节能型变压器;

(2)对电网电压波动较大的场所,为改善电能质量,宜采用有载调压型变压器;

(3)对易燃、易爆或有腐蚀性气体的场所,宜采用密闭式变压器。

二、变压器台数的选择

选择变电所主变压器的台数应遵守下列原则。

(1)有大量一、二级负荷的变电所,宜采用两台变压器,以保证一台变压器发生故障或检修时,另一台变压器能对一、二级负荷继续供电。

(2)没有一级负荷但有二级负荷的变电所,宜采用两台变压器。如果低压侧有与其他变电所相连的联络线作为备用电源,也可采用一台变压器。

(3)只有三级负荷但容量很大的变电所,可采用两台或两台以上变压器,以降低单台变压器容量。

(4)只有三级负荷但负荷变动较大的变电所,可采用两台变压器,实行经济运行方式。

(5)只有三级负荷但容量较小、负荷变动不大的变电所,宜采用一台变压器。

(6)适当考虑未来负荷的增长。

三、变压器容量的选择

选择变电所主变压器的容量应遵守下列原则。

(一)只有一台主变压器

主变压器的额定容量 S_{NT} 应满足全部用电设备总视在计算负荷 S_{30} 的需要，即

$$S_{NT} \geqslant S_{30} \tag{4-67}$$

(二)两台主变压器且为明备用

所谓明备用是指两台主变压器一台运行、另一台备用的运行方式。此时，每台主变压器容量 S_{NT} 的选择方法与只有一台主变压器的选择方法相同。

(三)两台主变压器且为暗备用

所谓暗备用是指两台主变压器同时运行，互为备用的运行方式。此时，每台主变压器容量 S_{NT} 应同时满足以下两个条件。

(1)任一台变压器单独运行时，可承担总视在计算负荷 S_{30} 的 60% ~ 70%，即

$$S_{NT} \geqslant (0.6 \sim 0.7) S_{30} \tag{4-68}$$

(2)任一台变压器单独运行时，可承担全部一、二级负荷 S_{I+II}，即

$$S_{NT} \geqslant S_{I+II} \tag{4-69}$$

另外，在确定变电所主变压器容量时，应适当考虑未来 5~10 年负荷的增长。

例 4-10　某化工企业 10/0.4 kV 变电所，总视在计算负荷为 1200 kV·A。其中一、二级负荷 750 kV·A，试选择其主变压器的台数和容量。

解　(1)根据变电所一、二级负荷容量的情况，确定选两台主变压器。

(2)按两台主变压器同时运行，互为备用的运行方式(暗备用)来选择每台主变容量，则

$$S_{NT} = (0.6 \sim 0.7) S_{30} = (0.6 \sim 0.7) \times 1200 = (720 \sim 840)(kV \cdot A)$$

$$S_{NT} = S_{I+II} = 750(kV \cdot A)$$

综合上述情况，同时满足以上两个要求，可选择两台低损耗电力变压器(如 S9-800/10 型或 SL7-800/10 型)并列运行。

【实施与考核】

实施过程：接受任务→学习本任务相关知识→回答考核问题。

考核问题：

(1)变压器型号为"SL7-800/10"，试说明其含义。

(2)变压器分接开关的作用是什么？

(3)变压器分接开关调压方法有哪几种？

(4)变压器并列运行的目的是什么？

(5)变压器并列运行的条件有哪些？

任务七　成套配电装置及其选择

【必备知识】

　　成套配电装置是制造厂根据电气主接线的要求、控制对象、主要电气元件的特点，将开关电器、测量仪表、保护电器和辅助设备装配在全封闭或半封闭的金属柜内，形成的配电装置。

　　成套配电装置，按其结构特点分为开启式成套配电装置和封闭式成套配电装置：开启式成套配电装置，母线外漏、各元件之间不隔开；封闭式成套配电装置，母线、各元件之间相互隔开。按结构特征分为固定式成套配电装置和手车式成套配电装置：固定式成套配电装置的全部电气设备均被固定，手车式成套配电装置的部分元件装在可以拉出、推入的小车上，经插入式触头与电路连接。按电压等级可分为高压成套配电装置和低压成套配电装置。

一、高压成套配电装置(高压开关柜)

(一)高压开关柜的特点

　　我国近年来生产的高压开关柜都是"五防"型的。"五防"柜采用电气和机械联锁，可防止误操作，提高供电的安全性和可靠性。所谓"五防"是指以下五方面：

(1)防止误分、合断路器；

(2)防止带负荷分、合隔离开关；

(3)防止带电挂地线；

(4)防止带地线合闸；

(5)防止误入带电间隔。

(二)高压开关柜的型号含义

(1)老系列高压开关柜型号含义如下：

$$①②-③④-⑤⑥-⑦$$

①产品名称：G——高压开关柜；

②结构特征：G——固定式，C——手车式，B——半封闭式，F——封闭式；

③设计序号；

④型式特征：A——改进型，F——防误型，J——计量用；

⑤额定电压(kV)；

⑥断路器操作机构：S——手动式，D——电磁式，T——弹簧式；

⑦一次线路方案编号。

（2）新系列高压开关柜型号含义如下：

①②③④-⑤⑥/⑦⑧⑨

①高压开关柜类型：K——铠装式（各功能单元用金属板隔离且接地），J——间隔式（各功能单元用一个或多个非金属板隔离），X——箱式（具有金属外壳，但间隔数少于铠装式或间隔式）；

②结构特征：G——固定式，Y——移开式；

③安装场所：N——户内型，W——户外型；

④设计序号；

⑤额定电压（kV）；

⑥改进代号：A——第一次改进，B——第二次改进；

⑦一次线路方案编号；

⑧断路器操作方式：S——手动操作，D——电磁操作，T——弹簧操作，Z——重锤操作，Q——气作操作，Y——液压操作；

⑨环境特征：（TH）——用于温热带，（TA）——用于干热带，（G）——用于高海拔，（F）——用于化学腐蚀的场所，（H）——用于离寒地区。

例如：型号为 JYN2-15B/01D 表示：封闭间隔、移开式、户内安装、设计序号为 2、额定电压 15 kV、第二次改进、一次方案为 01、电磁机构操作的开关柜。

（三）常用高压开关柜简介

固定式高压开关柜的主要电气设备安装在开关柜内，发生故障时需停电检修，且检修人员要进入带电间隔，检修好后方可恢复供电。采用固定式开关柜，虽然比较经济，但恢复供电时间长。GG-1A（F）-07S 型固定式高压开关柜的结构如图 4-35 所示。

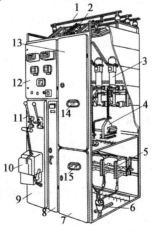

图 4-35　GG-1A（F）-07S 型高压开关柜

1—母线；2—母线隔离开关；3—少油断路器；4—电流互感器；5—线路隔离开关；6—电缆头；

7—下检修门；8—端子箱门；9—操作板；10—手动操作机构；11—隔离开关操动机构手柄；

12—仪表继电器屏；13—上检修门；14，15—观察窗口手车式(又称移开式)高压开关柜的主要电气设备安装在手车上,故障检修时,可将故障手车拉出,然后推入同类备用手车,即可恢复供电。因此,采用手车式开关柜具有检修安全、恢复供电时间短、供电可靠性高等优点,但价格较贵。GC-10(F)型手车式高压开关柜的外形结构如图4-36所示。

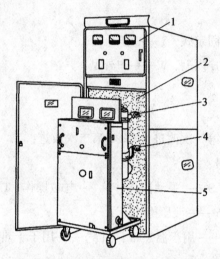

图4-36　GC-10(F)型高压开关柜

1—仪表屏；2—手车室；3—上触头；4—下触头；5—手车

二、低压成套配电装置(低压配电屏)

(一)低压配电屏的型号含义

(1)老系列低压配电屏型号含义如下:

①②③-④⑤

①产品名称：B——低压配电屏；

②结构特征：D——单面维护式，S——双面维护式，F——封闭式；

③结构用途：L——动力用，C——抽屉式；

④设计序号；

⑤派生代号：A——改进型。

(2)新系列低压配电屏型号含义如下:

①②③④-⑤-⑥

①低压配电屏类型：P——开启式，G——封闭式；

②结构特征：G——固定式，C——抽屉式，H——混合安装式；

③用途代号：L，D——动力用；

④设计序号；

⑤主电路方案号；

⑥辅助电路方案号。

(3)动力和照明配电箱型号含义如下：

$$①②③-④-⑤⑥$$

①产品名称：X——配电箱；

②用途代号：L——动力，M——照明；

③结构特征：X——悬挂式，R——嵌入式，K——开启式，F——防尘式，M——密闭式，W——户外式；

④设计序号；

⑤方案编号；

⑥特征数字。

(二)常用低压配电屏简介

1. PGL 系列

PGL 系列低压配电屏采用薄钢板及角钢焊接结构。屏前有门，屏面上方有仪表板，为可开启的小门，仪表板上装设指示仪表，维护方便；在屏后构架上方，主母线安装于绝缘框上，并设有母线防护罩，以防上方坠落的导体造成母线短路；多屏并列时，屏与屏之间加装隔板，以减少屏内故障范围扩大。

该系列低压配电屏结构合理、防护性能好、分断能力高(30 kA)，适用于发电厂、变电所和工矿企业 500 V 以下配电系统中作动力与照明之用，如图 4-37 所示。

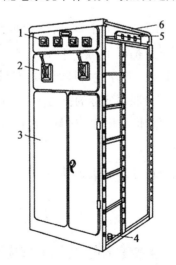

图 4-37　PGL 系列低压配电屏

1—仪表板；2—操作板；3—检修门；4—母线绝缘子；5—母线绝缘框；6—母线防护罩

2. GGL 系列

GGL 系列低压配电屏的屏体由骨架、面板、门、侧板及顶盖组成。骨架为矩形钢管，屏前上方设有仪表板，可向上掀起；仪表板后面为立装母线，母线上方有顶盖；元件采用新型电器元件(断路器多为 DW15 系列)安装于模孔上，组装灵活；同时设有中性线(N)

和保护线(PE)，可用于三相五线制系统。

该系列低压配电屏分断能力高、动热稳定性好、电气接线方案灵活、组合方便、防护等级高，适用于发电厂、变电所和工矿企业 500 V 以下配电系统中作动力与照明之用，但价格较为昂贵。

【技术手册】

高压开关柜与低压配电屏的选择，应满足变配电所一次电路供电方案的要求，依据技术经济指标，选择出合适的型式及一次线路方案编号，并确定其中所有一、二次设备的型号规格。在向开关电器厂订购设备时，还应向厂家提供一、二次电路图纸及有关技术资料。

【实施与考核】

实施过程：接受任务→学习本任务相关知识→回答考核问题。

考核问题：高压开关柜的"五防"具体指什么？

【实训须知】

一、实训目的

工厂供电实训课是以实际设备为主的技能训练，是高职高专"工厂供配电"课程教学的重要环节。该实训课的教学目的包括以下几个方面。

(1)巩固课堂上所学的理论知识，让学生掌握所学电气设备的构造、原理和使用，使理论和实际结合起来，培养学生理论联系实际的能力。

(2)使学生能够根据现场的实际情况操作、维修、选择电气设备，培养学生实际工作能力。

(3)通过实训过程中的数据分析处理和报告编写，培养学生严肃认真、踏实细致的优良品质和工作作风。

二、实训要求

(1)实训前应复习教科书中有关章节的内容，认真阅读实训指导书，了解实训的目的、项目、方法与步骤，明确实训过程中应注意的问题。写好的预习报告，经教师检查认可后，学生方能开始实训。

(2)实训开始时要检查所有的电源开关，确保其在断开的位置上，详细了解实训台的功能和接线位置，并检查仪器仪表是否齐备、完好，了解其型号、规格和使用方法，确定无误时才可接线。检查无误后，在指导教师认可后方可合上电源。

(3)在设备启动和运行过程中，人员和设备应保持一定的安全距离。在记录数据读数前应弄清仪表的量程及刻度。读数时应注意保持正确的姿势，做到"眼、计、影"成一线。记录时要求完整清晰，力求表格化。实训过程中使用的工具应轻拿轻放，使用完放回原位，摆放整齐。未经教师许可，不准随意摆弄、检修、操作电气设备。

(4)实训结束后，应认真填写实训记录及实训报告并交指导教师审阅。做好收尾工作，如拆线，放好仪器、设备，整理导线、元器件，清洁桌面等后方可离开。

三、实训报告

每次实训完毕后，学生应填写实训报告。实训报告应用实训报告纸填写。实训报告要简明扼要、字迹清楚、图表整洁、结论明确。

实训报告包括以下内容：

(1)实训名称，专业、班级、学号、姓名，实训日期；

(2)列出实训中所用器件的名称及编号、继电器铭牌数据等；

(3)列出实训项目，并绘出实训时所用的线路图，注明仪表量程、电阻器阻值；

(4)数据的整理和计算；

(5)根据数据说明实训结果与理论是否符合；

(6)解答各个实训的思考题。

实训一　认识低压电器

一、实训目的

(1)了解 HD13 型低压刀开关、DW15 型低压万能断路器及低压塑壳断路器的实际结构、工作原理和基本特性。

(2)掌握低压开关柜的基本操作步骤。

二、实训设备

(一)低压电器

(1)各种类型的低压熔断器、刀开关、刀熔开关、负荷开关、低压断路器等。

(2)固定式低压配电屏、抽屉式低压配电屏。

(二)其他设备及仪器

(1)单相变压器(220/6 V，5 kV·A)。

(2)单相调压器(220 V，10 kV·A)。

(3)示波器(长余辉)、电流表、电气秒表等。

三、实训内容

(一)观察和研究各种低压电器

在供电实训室观察、研究各种常用低压电器(包括各种型号的低压熔断器、刀开关、刀熔开关、负荷开关、低压断路器)和低压配电屏(固定式、抽屉式)。

(1)卸下外盖,细致观察 HD13 型低压刀开关的实际结构,了解其操作步骤,注意其不能带负荷动作。

(2)卸下外盖,细致观察 DW15 型低压万能断路器的实际结构,了解其操作步骤,注意其可以带负荷动作。

(3)卸下外盖,细致观察低压塑壳断路器的实际结构,了解其操作步骤,注意其可以带负荷动作。

(二)电磁脱扣器的实训

DZ10-100G 型低压断路器有三种类型的脱扣器,即电磁式(过流)脱扣器、热脱扣器、分励脱扣器。

1. 电磁式脱扣器实训接线

实训接线方式如图 4-38 所示。

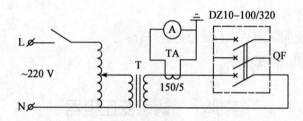

图 4-38 电磁式脱扣器实训接线图

2. 接线注意事项

(1)变压器副边(二次侧)采用 YC-35 电焊把线,接线牢固。

(2)电流互感的变比采用 150/5,故一次侧绕 4 匝。

(3)实训前应将调压器的输出调为 0。

3. 实训步骤

(1)按图接线,经老师检查无误后进行实训。

(2)合电源开关,接通调压器电源。

(3)合上被测低压断路器 QF。

(4)操作调压器缓慢提高输出电压,则升流器输出电流上升。注意电流表读数,直到低压断路器跳闸(70 A 左右),记下电流表读数。

(5)将调压器输出降至 0。

(6)重复步骤(3)(4)(5)两次。

(7)断开电源开关。

(8)计算三次实训中测定电流的平均值。

4. 测量脱扣电流的注意事项

(1)升流器二次侧电流由 0 上升至脱扣电流的时间控制在 1 分钟左右。

(2)注意电流表读数的换算。当电流表接于 5 A 挡时，电流值＝1.5 A×刻度数；当电流表接于 2.5 A 挡时，电流值＝0.75 A×刻度数。

(三)分励脱扣器实训

1. 分励脱扣器实训接线

实训电路如图 4-39 所示。

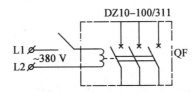

图 4-39 分励脱扣器实训电路图

2. 实训步骤

(1)按图接线，经老师检查无误后进行实训。

(2)合电源开关。

(3)合电源开关后，QF 瞬间跳闸。

(4)断开电源开关。

(5)重复步骤(2)(3)(4)一次。

表 4-4 实训数据记录

测量次数	1	2	3
电流表读数			
脱扣电流值			
平均值			

四、思考题

(1)几种低压刀开关的操作有什么不同？为什么要这样操作？

(2)试分析电磁式脱扣器、热脱扣器、分励脱扣器的原理。

(3)说明电磁式脱扣器、分励脱扣器动作电流的调整途径。

(4)电磁式脱扣器、热脱扣器、分励脱扣器的结构有何异同？

实训二　认识高压电器

一、实训目的

(1)通过对各种常用的高压电器的观察研究,了解它们的基本结构、工作原理、使用方法及主要技术性能等。

(2)通过对有关高压开关柜的观察研究,了解它们的基本结构、主接线方案、主要设备的布置及操作方法等。

二、实训设备

(一)高压开关电器

(1)RN1 或 RN2 型高压熔断器、RW 型跌落式熔断器。

(2)GN 型高压隔离开关。

(3)SN10 型高压少油断路器、ZN 型高压真空断路器。

(4)CS2 型和 CD10 型操动机构。

(二)高压开关柜

(1)GG-1A(F)固定式高压开关柜。

(2)GC-10(F)手车式高压开关柜。

三、实训内容

(1)观察各种高压熔断器的结构,了解其工作原理、保护性能和使用方法。

(2)观察各种高压开关(包括隔离开关和断路器)及其操动机构的结构,了解其工作原理、性能和操作要求、操作方法。

(3)观察各种高压开关柜的结构,了解其主接线方案和主要设备布置,并通过实际操作了解其操作方法。

(4)掌握高压少油断路器的拆装与调整方法。

(5)观察高压少油断路器的外形结构,记录其铭牌数据。

(6)拆开高压少油断路器的油筒,拆下导电杆(动触头)、固定插座(静触头)和灭弧室等,了解它们的结构、装配关系和灭弧原理。

(7)组装复原断路器,并进行三相合闸同时性检查。实训电路如图 4-40 所示。手动合上断路器,观察三只灯泡是否同时点亮(即判断三相是否同时合闸),如不同时,则需对导电杆的行程进行调整。

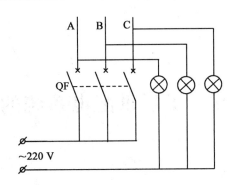

图 4-40　断路器三相合闸同时性实训电路图

四、思考题

(1) 高压隔离开关和高压断路器在结构、性能和操作要求等方面各有什么特点?

(2) 为什么要进行高压断路器三相合闸同时性的检查和调整?

项目五　工厂供配电系统的保护

【项目描述】

由于受自然(如雷电、风雪等)、人为(如设备制造上的缺陷、误操作等)因素的影响,运行中的供电系统可能会发生故障(如各种形式的短路)或出现不正常运行状态(如中性点不接地系统发生单相接地、过负荷等)。各种故障和不正常运行状态,都可能引发事故(包括停电事故、人身和设备事故)。因此,为了减轻故障和不正常运行状态造成的影响,工厂供配电系统必须设置必要的保护。

任务一　继电保护概述

【必备知识】

继电保护指能反映供电系统中电气设备发生的故障或不正常工作状态,并能动作于跳闸或发出预报信号的一种自动保护。

一、继电保护的任务

(1)自动地、迅速地、有选择性地将故障切除,迅速恢复非故障部分的正常供电。

(2)正确反映电气设备的不正常运行状态,发出预报信号或将不正常部分切除。

(3)与自动装置配合,缩短事故停电时间,提高供电系统的运行可靠性。

二、对继电保护的基本要求

根据继电保护所担负的主要任务,供电系统对继电保护提出下列基本要求。

(一)选择性

继电保护装置应具有选择故障元件的能力,以防扩大停电范围。在图 5-1 所示系统中,k 点发生故障时,应由离故障点最近的保护装置 1 动作,使断路器 QF 跳闸,只切除电动机 M,此为有选择性动作。若保护装置 2 动作使断路器 QF_1 跳闸,则母线 M-1 上其他无故障部分也将停电,此为无选择性动作。

当然，k 点发生故障时，若保护装置 1 由于某种原因拒动，保护装置 2 就应该动作，使断路器 QF_1 跳闸，这样虽然扩大了停电范围但限制了故障的继续扩大，起到后备保护作用。

M-3
M-2
k-1
k
G
QF2
QF4
QF1
2
QF
1
M
M-1
QF3

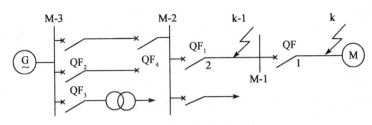

图 5-1 选择性动作示意图

(二) 速动性

继电保护装置在发生故障时应快速动作，将故障切除，以防止故障进一步扩大。

选择性与速动性是矛盾的，为了满足保护的选择性，就必须牺牲一点速动性，所以继电保护通常允许带一定的时限。

(三) 灵敏性

继电保护装置对其保护范围内发生的故障和出现的不正常工作状态，应能作出敏锐、正确的反应。

继电保护装置的灵敏性用灵敏度来衡量。不同作用的保护装置和被保护设备，所要求的灵敏度是不同的，《继电保护和自动装置设计技术规程》对此有相关规定。

(四) 可靠性

继电保护装置在其保护范围内发生故障或出现不正常工作状态时，应可靠地动作，即不能拒动；而在其保护范围外发生故障或出现不正常工作状态时，应不动作，即不能误动。

除了满足上述四个基本要求外，对继电保护装置的要求还有投资少、便于调试和运行维护、尽可能满足用电设备运行的条件等。在考虑继电保护方案时，要正确处理各个要求之间的关系，使继电保护方案技术上安全可靠、经济上合理。

三、继电保护的基本原理

电力系统发生故障时，会引起电流、电压及电流与电压间相位的变化。大多数继电保护装置就是利用故障时物理量与正常运行时物理量的差别制成的，如反应电流增大的过电流保护、反应电压降低(或升高)的低电压(或过电压)保护等。

继电保护原理结构如图 5-2 所示。它由三部分组成。

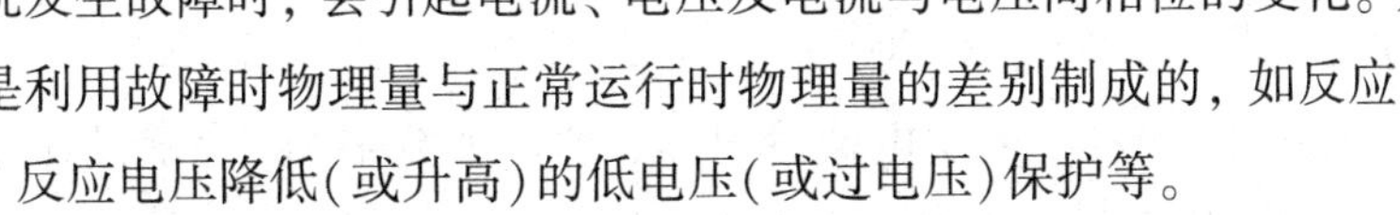

故障参量
测量部分
逻辑部分
执行部分
跳闸或信号脉冲
整定值

图 5-2 继电保护原理结构方框图

（一）测量部分

用来测量被保护设备的有关信号（电流、电压等），并和给定的整定值进行比较，判断是否应该启动。

（二）逻辑部分

根据测量部分各输出量的大小、性质及其组合或输出顺序，使保护装置按照一定的逻辑程序工作，并将信号传输给执行部分。

（三）执行部分

根据逻辑部分输出的信号，完成保护装置所负担的任务。

四、常用继电器

继电器是继电保护装置的重要组成元件，它能根据输入量的变化自动接通或断开小电流电路，其输入量可以是电量（如电流、电压等），也可以是非电量（如温度、气体等），而输出则是触头的动作或电参数的变化。

（一）继电器的分类

继电器的种类很多，分类方法多样。按其动作和构成原理，可分为电磁型继电器、感应型继电器、整流型继电器、极化型继电器、半导体型继电器、热力型继电器等；按其反应物理量的性质，可分为电流继电器、电压继电器、时间继电器、信号继电器、功率继电器、方向继电器、阻抗继电器、频率继电器等；按其反应物理量的增加和减少，可分为过量继电器（如过电流、过电压继电器）和欠量继电器（如欠电流、欠电压继电器）等。

（二）继电器的表示方法

1. 继电器的型号

在我国，继电器型号的编制是以汉语拼音字母表示的，其表示形式如下：

$$①②-③④/⑤$$

①动作原理代号，见表 5-1；

②主要功能代号，见表 5-1；

③设计序号，用阿拉伯数字表示；

④主要规格代号：1——一对动合触点，2——一对动断触点，3——一对动合、一对动断触点；

⑤动作值。

例如：DL-11/10 表示电磁型电流继电器，第一个数字"1"表示设计序号，第二个"1"表示有一对动合触点，"10"表示最大动作电流 10 A。

表 5-1　常用继电器的动作原理、主要功能代号

动作原理代号		主要功能代号			
代号	含义	代号	含义	代号	含义
B	变压器型、晶体管型	L	电流	D	接地
D	电磁型	J，Y	电压	CH，CD	差动
G	感应型	Z	中间	C	冲击
J	极化型	S	时间	H	极化
L	整流型	X	信号	N	逆流
M	电动机型	G	功率	T	同步
S	数字型	P	平衡	H	重合闸
F	附件	Z	阻抗	ZC	综合重合闸
Z	组合型	ZB	中间（防跳）	ZS	中间延时

2. 继电器的图形、文字符号

常用继电器和元件的文字符号、图形符号如表 5-2 和表 5-3 所列。

表 5-2　继电保护及二次系统常用元件的文字符号

序号	设备及元件的名称	符号	序号	设备及元件的名称	符号	序号	设备及元件的名称	符号
1	备用电源自动投入装置	APD	15	电感，电感线圈，电抗器	L	29	电位器	RP
2	自动重合闸装置	ARD	16	电动机	M	30	控制开关，选择开关	SA
3	电容，电容器	C	17	中性线	N	31	按钮	SB
4	熔断器	FU	18	电流表	PA	32	变压器	T
5	绿色指示灯	GN	19	保护线	PE	33	电流互感器	TA
6	指示灯，信号灯	HL	20	保护中性线	PEN	34	零序电流互感器	TAN
7	电流继电器	KA	21	电度表	PJ	35	电压互感器	TV
8	气体（瓦斯）继电器	KG	22	电压表	PV	36	变流器，整流器	U
9	热继电器	KH	23	断路器，低压断路器（自动开关）	QF	37	晶体管	V
10	中间继电器，接触器	KM	24	刀开关	QK	38	导线，母线	W
11	合闸接触器	KO	25	负荷开关	QL	39	事故音响信号小母线	WAS
12	信号继电器	KS	26	隔离开关	QS	40	母线	WB
13	时间继电器	KT	27	电阻	R	41	控制电路电源小母线	WC
14	电压继电器	KV	28	红色指示灯	RD			

表 5-2(续)

序号	设备及元件的名称	符号	序号	设备及元件的名称	符号	序号	设备及元件的名称	符号
42	闪光信号小母线	WF	46	信号电路电源小母线	WS	50	电磁铁	YA
43	预报信号小母线	WFS				51	合闸线圈	YO
44	灯光信号小母线或线路	WL	47	电压小母线	WV			
45	合闸电路电源小母线	WO	48	端子板,电抗	X	52	跳闸线圈,脱扣器	YR
			49	连接片	XB			

表 5-3 继电保护及二次系统常用元件的图形符号

序号	元件名称	图形符号	序号	元件名称	图形符号
1	电容,电容器		16	电位器,可变电阻	
2	熔断器		17	常开按钮	
3	信号灯,指示灯		18	常闭按钮	
4	电流继电器	I>	19	电流互感器	
5	气体继电器		20	电压互感器	
6	热继电器		21	合闸线圈,跳闸线圈,脱扣器	
7	中间继电器		22	连接片	
8	一般继电器和接触器的线圈		23	切换片	
9	信号继电器		24	热继电器常闭触点	
10	时间继电器		25	常开触点	
11	电压继电器	U<	26	常闭触点	
12	电流表	A	27	延时闭合的常开触点	
13	电压表	V	28	延时继开的常闭触点	
14	电度表	wh			
15	电阻		29	非自动复位的常开触点	

表 5-3(续)

序号	元件名称	图形符号	序号	元件名称	图形符号
30	先合后继的转换触点		34	负荷开关	
31	断路器		35	刀熔开关	
32	普通刀开关				
33	隔离开关		36	跌落式熔断器	

(三)常用继电器简介

1. 电磁式过量继电器

过量继电器中最常用的是过电流继电器。DL-11 系列电磁式过电流继电器的内部结构和内部接线如图 5-3 所示。

返回系数是衡量继电器动作特性的主要参数。过电流继电器的返回系数为：

$$K_{re} = \frac{I_{re}}{I_{OP}} \tag{5-1}$$

式中，K_{re}——返回系数，K_{re} 越接近 1，继电器越灵敏。对过量继电器，$K_{re} < 1$。

I_{re}——返回电流，是指在继电器动作后，逐渐减小继电器电流，当继电器刚好返回到原始位置时所对应的电流值，即使继电器闭合了的常开触点断开的最大电流。

I_{OP}——动作电流，是指能使继电器刚好动作并使其触点闭合的电流值，即使继电器常开触点闭合的最小电流。

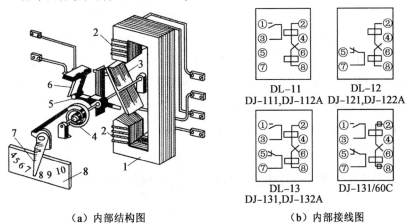

(a)内部结构图　　　　　(b)内部接线图

图 5-3　DL-11 系列继电器的内部结构和内部接线图

1—铁芯；2—线圈；3—可动舌片；4—反作用弹簧；5—可动触点；6—静触点；7—调整杆；8—刻度盘

过电压继电器的返回系数、动作电压、返回电压的定义与过电流继电器类似。

2. 电磁式欠量继电器

欠量继电器中最常用的是欠电压继电器。DY 系列电磁式电压继电器的结构、工作原理与电磁式电流继电器基本相同。

欠电压继电器的返回系数为：

$$K_{re} = \frac{U_{re}}{U_{OP}} \tag{5-2}$$

式中，K_{re}——返回系数，K_{re} 越接近 1，继电器越灵敏。对欠量继电器，$K_{re} > 1$。

U_{re}——返回电压，是使其返回的最小电压。

U_{OP}——动作电压，是使其动作的最大电压。

欠电流继电器的返回系数、动作电流、返回电流的定义与欠电压继电器类似。

3. 电磁式时间继电器

时间继电器用来获得必要的延时（时限），以保证保护装置动作的选择性。DS-100 系列电磁式时间继电器的内部结构如图 5-4 所示，主要由电磁机构和钟表延时机构两部分组成，电磁机构主要起锁住和释放钟表延时机构作用，钟表延时机构起准确延时作用。

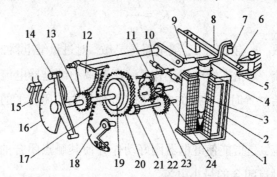

图 5-4 DS-100 系列时间继电器的内部结构

1—线圈；2—电磁铁；3—可动铁芯；4—返回弹簧；5，6—固定瞬时触点；7—绝缘件；

8—可动瞬时触点；9—压杆；10—平衡锤；11—摆动卡板；12—扇形齿轮；13—传动齿轮；

14—动主触点；15—静主触点；16—标度盘；17—拉引弹簧；18—弹簧拉力调节器；19—摩擦离合器；

20—主齿轮；21—小齿轮；22—掣轮；23，24—钟表机构的传动齿轮

4. 电磁式中间继电器

中间继电器既能扩大触点的数量和容量，也能获得触点闭合或断开时产生的较小延时（0.4～0.8 s）。DZ-10 系列电磁式中间继电器的结构如图 5-5 所示。

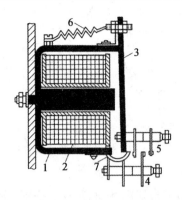

图 5-5　DZ-10 系列中间继电器的结构

1—电磁铁；2—线圈；3—衔铁；4—静触点；5—动触点；6—反作用弹簧；7—衔铁行程限制器

5. 电磁式信号继电器

信号继电器用于各保护装置回路中，作为保护动作的指示器。DX-11 系列信号继电器的结构如图 5-6 所示。

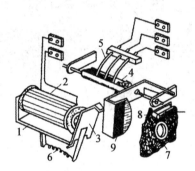

图 5-6　DX-11 系列信号继电器的结构

1—电磁铁；2—线圈；3—衔铁；4—动触点；5—静触点；6—弹簧；

7—看信号牌小窗；8—手动复归旋钮；9—信号牌

信号继电器动作后，一方面继电器本身有掉牌（信号牌落下或突出）指示，便于进行事故分析；同时其触点闭合，接通音响或灯光信号回路，以引起值班人员注意。为了便于分析故障的原因，要求信号指示不能随故障的消失而消失，因此，信号继电器须设计为手动复归式。

信号继电器可分为串联信号继电器（电流信号继电器）和并联信号继电器（电压信号继电器），其接线方式如图 5-7 所示。通常，前者采用较多。

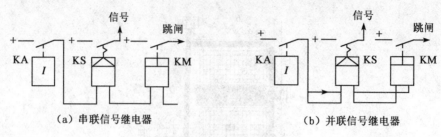

（a）串联信号继电器　　　　　　　　（b）并联信号继电器

图 5-7　信号继电器接线方式

6. 感应式继电器

GL 系列感应式继电器的结构如图 5-8 所示。它由带延时动作的感应部分与瞬时动作的电磁部分组成。

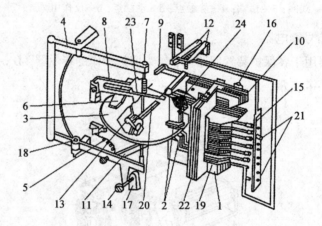

图 5-8　感应式继电器的结构

1—电磁铁；2—短路环；3—圆形铝盘；4—框架；5—弹簧；6—阻尼磁铁；

7—螺杆；8—扇形齿轮；9—横担；10—瞬动衔铁；11—钢片；12—接点；13—时限调整螺钉；

14—螺钉；15—插座板；16—电流调整螺钉；17，20—挡板；18—轴；19—线圈；

21—插销；22—磁分路铁芯；23—顶杆；24—信号掉牌

通入继电器线圈的电流越大，动作时间就越短，这种特性称为"反时限特性"。

当通入继电器线圈的电流达到整定值的某个倍数（GL10 和 GL20 系列电流继电器的速断电流倍数通常为 2~8）时，未等感应系统动作，接点便立即闭合，这就是感应式电流继电器的"速断特性"。

需要注意的是，继电器动作时限调节螺杆的标度尺是以"10 倍动作电流的动作时限"来标度的，也就是标度尺上所标示的动作时间，是继电器线圈通过的电流为其整定的动作电流的 10 倍时的动作时间。因此，继电器实际动作时间与实际通过继电器线圈的电流大小有关，需在继电器动作特性曲线上查得。

【技术手册】

继电保护的接线方式是指保护装置中继电器与电流互感器二次线圈之间的连接方式。常见的接线方式有以下几种。

一、三相完全星形接线

（一）接线方式

三相完全星形接线方式，又称三相三继电器式接线，如图5-9(a)所示。这种接线方式对各种短路故障(三相短路、两相短路、单相接地短路)都能起到保护作用，而且具有相同的灵敏度。各种短路时的电流相量如图5-9 (b)(c)(d)所示。当发生三相短路时，各相电流互感器二次侧通有经变换的短路电流，它们分别通过三只电流继电器的线圈，使之动作；而当两相或单相接地短路时，与短路相相对应的两只或一只电流继电器动作。

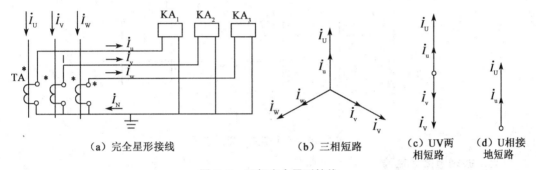

|(a) 完全星形接线|(b) 三相短路|(c) UV两相短路|(d) U相接地短路|

图5-9　三相完全星形接线

（二）接线系数

为了表征流入继电器的电流 I_{KA} 与电流互感器二次侧电流 I_{TA} 之间的关系，这里引入接线系数 K_W 的概念。所谓接线系数，指流入继电器的电流 I_{KA} 与电流互感器二次电流 I_{TA} 的比值，即

$$K_W = \frac{I_{KA}}{I_{TA}} \tag{5-3}$$

很明显，三相完全星形接线方式的接线系数在任何情况下均为1。

（三）特点及适用范围

采用三相完全星形接线的保护装置可以对各种短路故障作出反应，其缺点是需三个电流互感器与三个继电器，因而不够经济。此种接线方式主要用于大电流接地系统中，作为相间短路和单相接地短路保护用。

二、两相不完全星形接线

（一）接线方式

两相不完全星形接线方式，又称两相两继电器式接线，如图5-10所示。它在 U 和 W

两相装有电流互感器,分别与两只电流继电器相连接。其与三相完全星形接线方式的差别是在 V 相上没有装电流互感器和继电器。

(二)接线系数

两相不完全星形接线方式对各种相间短路都能起到保护作用,但 V 相接地短路故障时不反应。该接线方式的接线系数在正常工作和相间短路时均为 1。

(三)特点及适用范围

两相不完全星形接线方式的保护动作可靠性不如三相接线,当 U 和 V 或 V 和 W 相间短路时,只有一个继电器反应故障,而 V 相发生单相接地短路时,保护装置不反应,因此,该接线方式不能用于单相接地保护装置。但它比三相接线经济,常用于工厂 6~10 kV 小电流接地系统,作为相间短路保护。

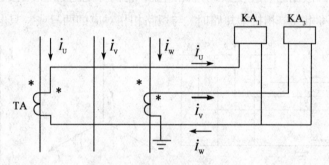

图 5-10　两相不完全星形接线

三、两相电流差接线

(一)接线方式

两相电流差接线方式,又称两相一继电器式接线,如图 5-11 所示。它由两只电流互感器和一只电流继电器组成。正常工作时,流入继电器的电流

$$|\dot{I}_{KA}| = |\dot{I}_U - \dot{I}_W| = \sqrt{3}I_U = \sqrt{3}I_W \tag{5-4}$$

即流入继电器的电流是 U 相和 W 相电流的相量差,其数值是电流互感器二次电流的 $\sqrt{3}$ 倍。

两相电流差接线方式能够对各种相间短路作出反应。发生各种类型的相间短路时,短路电流的相量如图 5-11(b)(c)(d)所示。由相量图可知,不同的相间短路,流入继电器的电流与电流互感器二次侧电流的比值是不相同的,即其接线系数 K_W 是不一样的,因而灵敏度也不一样。

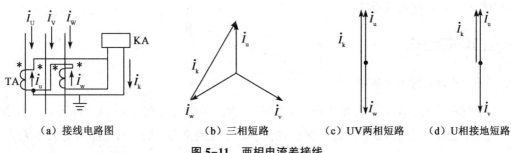

（a）接线电路图　　　（b）三相短路　　　（c）UV两相短路　　（d）U相接地短路

图 5-11　两相电流差接线

（二）接线系数

（1）发生三相短路时，流入继电器 KA 的电流 I_{KA} 是 I_{KA} 的 $\sqrt{3}$ 倍，即 $K_W^{(3)} = \sqrt{3}$。

（2）当 U 和 W 两相（均装有 TA）短路时，由于两相短路电流大小相等，相位差 180°，所以 I_{KA} 是 I_{TA} 的 2 倍，即 $K_W^{(U,W)} = 2$。

（3）当 U 与 V 两相或 V 与 W 两相（V 相未装 TA）短路时，由于只有 U 相或 W 相 TA 反应短路电流，而且直接流入 TA，因此 $K_W^{(U,V)} = K_W^{(V,W)} = 1$。

（三）特点及适用范围

两相电流差接线最经济，但由于对不同类型短路故障反应的灵敏度和接线系数不同，因此只用在 10 kV 及以下小电流接地系统中，作为小容量设备和高压电动机保护接线。

【实施与考核】

实施过程：接受任务→学习本任务相关知识→回答考核问题。

考核问题：

（1）供电系统对继电保护有哪些要求？

（2）试说明继电保护的接线方式中，三相完全星形接线、两相不完全星形接线、两相电流差接线的接线系数在不同的短路状态下分别是多少？

（3）继电保护由哪几部分组成？

任务二　高压线路的继电保护

【必备知识】

供电线路上发生短路故障的重要特征是电流增加和电压降低。根据电流增加这一特征构成了电流保护；根据电压降低这一特征构成了电压保护。

高压线路的继电保护通常有带时限过电流保护、电流速断保护、有选择性的单相接地保护、线路的过负荷保护。

【技术手册】

一、带时限过电流保护

带时限过电流保护，按其动作时限特性分为定时限过电流保护和反时限过电流保护。所谓定时限过电流保护，是指保护装置的动作时间是固定的，与短路电流大小无关；所谓反时限过电流保护，是指保护装置的动作时限虽然是按 10 倍动作电流来整定的，但实际的动作时间与短路电流大小成反比（短路电流越大，动作时间越短）。

（一）定时限过电流保护

1. 定时限过电流保护的动作原理

图 5-12 为单端供电线路的定时限过电流保护的配置示意图。

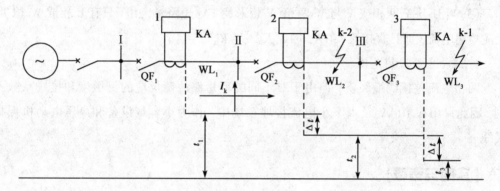

图 5-12　单端供电线路的定时限过电流保护的配置示意图

图中过电流保护装置 1，2，3 分别装设在线路 WL_1，WL_2，WL_3 的电源侧。假设在线路 WL_3 上的 k-l 点发生相间短路，短路电流将由电源经过线路 WL_1，WL_2，WL_3 流到短路点 k-l。如果短路电流大于保护装置 1，2，3 的动作电流，则三套保护将同时启动。根据选择性的要求，应该是距离故障点 k-l 最近的保护装置 3 动作，使断路器 QF_3 跳闸。为此，须以延时来保证选择性，也就是使保护装置 3 的动作时间 t_3 小于保护装置 2 和保护装置 1 的动作时间 t_2 和 t_1。这样，当 k-l 点短路时，保护装置 3 首先以较短的延时 t_3 动作于 QF_3 跳闸。QF_3 跳闸后，短路电流消失，保护装置 2 和 1 还来不及使 QF_2 和 QF_1 跳闸就返回到正常位置。因此，为了保证单端供电线路过电流保护动作的选择性，保护装置的动作时间必须满足以下条件：

$$t_1 > t_2 > t_3 ； \quad t_2 = t_3 + \Delta t ； \quad t_1 = t_2 + \Delta t = t_3 + 2\Delta t \tag{5-5}$$

这种选择保护装置动作时间的方法，称为"时间阶梯原则"。

2. 定时限过电流保护的组成接线

定时限过电流保护一般是由两个主要元件组成的，即启动元件和延时元件。启动元件即电流继电器。当被保护线路发生短路故障，短路电流增加到大于电流继电器的动作电流时，电流继电器立即启动。延时元件即时间继电器，用以建立适当的延时，保证动作的选择性。

图 5-13 所示的是两相两继电器式定时限过电流保护的原理电路图。当线路发生短路故障时，短路电流经电流互感器 TA 流入电流继电器 KA₁ 和 KA₂，如果短路电流大于其整定值它便启动，并通过其触点将时间继电器 KT 的线圈回路接通，时间继电器开始延时。经过整定的延时后，其触点闭合，启动信号继电器 KS 发出信号，出口中间继电器 KM 接通断路器跳闸线圈 YR，使断路器 QF 跳闸，切除短路故障。

显然，保护装置的动作时间是由时间继电器决定的，不论短路电流多大，保护装置的动作时间是恒定的，因此，这种保护装置称为定时限过电流保护。

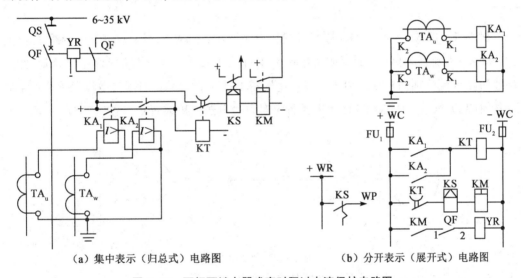

（a）集中表示（归总式）电路图　　　　（b）分开表示（展开式）电路图

图 5-13　两相两继电器式定时限过电流保护电路图

3. 定时限过电流保护的整定

（1）动作电流整定。过电流保护装置的继电器动作电流

$$I_{OP} = \frac{K_{co}K_W}{K_{re}K_{TA}} \cdot I_{L.max} \tag{5-6}$$

式中，K_{co}——保护装置可靠系数，DL 型电流继电器取 $K_{co}=1.2$，GL 型电流继电器取 $K_{co}=1.3$；

$\quad K_W$——接线系数，两相两继电器式接线为 1，两相一继电器式接线为 $\sqrt{3}$；

$\quad K_{re}$——返回系数，对 DL 型电流继电器取 $K_{re}=0.85\sim0.90$；对 GL 型电流继电器取 $K_{re}=0.8$；

$\quad K_{TA}$——电流互感器变流比；

$\quad L_{L.max}$——线路最大负荷电流，取 $L_{L.max}=(1.5\sim3)I_{30}$。

按上式确定的动作电流在线路出现最大负荷电流时不会发生误动作。

（2）动作时限的整定。定时限过电流保护的动作时限应按"阶梯原则"整定，即前一级保护的动作时间 t_1 应该比下一级保护中最长的动作时间 t_2 大一个时限级差 Δt，即

$$t_1 = t_2 + \Delta t \tag{5-7}$$

一般情况下，DL 型继电器取 $\Delta t = 0.5\,\text{s}$，GL 型继电器取 $\Delta t = 0.6 \sim 0.7\,\text{s}$。

（3）灵敏度校验。为确保线路发生各种短路故障时保护装置都能可靠动作，即流过保护装置的最小短路电流大于其动作电流，保护装置的灵敏度应满足

$$S_P = \frac{K_W}{K_{TA} I_{OP}} I^{(2)}_{k.min} \geq 1.5 \tag{5-8}$$

式中，$I^{(2)}_{k.min}$——被保护线路末端在系统最小运行方式下的两相短路电流，即 $I^{(2)}_{k.min} = \frac{\sqrt{3}}{2} I^{(3)}_k$。

例 5-1　图 5-14 所示的无限大容量供电系统中，6 kV 线路 L-1 上的最大负荷电流为 298 A，电流互感器 TA 的变比是 400/5。k-1 和 k-2 点三相短路时归算至 6.3 kV 侧的最小短路电流分别为 930 A 和 2660 A。变压器 T-1 上设置的定时限过电流保护装置 1 的动作时限为 0.6 s。拟在线路 L-1 上设置定时限过电流保护装置 2，试进行整定计算。

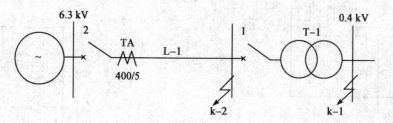

图 5-14　例 5-1 图

解　采用两相不完全星形接线的保护装置。

1.动作电流的整定

取 $K_{co} = 1.2$，$K_W = 1$，$K_{re} = 0.85$，则过电流继电器的动作电流为：

$$I_{OP} = \frac{K_{co} K_W}{K_{re} K_{TA}} I_{L.max} = \frac{1.2 \times 1}{0.85 \times 400/5} \times 298 = 5.26\,(\text{A})$$

查相关手册，选 DL-21/10 型电流继电器两只，并整定为 $I_{OP} = 6\,\text{A}$。则保护装置一次侧动作电流为：

$$I_{OP(1)} = \frac{K_{TA}}{K_W} I_{OP} = \frac{400/5}{1} \times 6 = 480\,(\text{A})$$

2.动作时间整定

由时限阶梯原则知，动作时限应比下一级大一个时限阶梯 Δt。则：

$$t_{L-1} = t_{T-1} + \Delta t = 0.6 + 0.5 = 1.1\,(\text{s})$$

查相关手册，选 DS-21 型时间继电器，时间整定范围为 $0.2 \sim 1.5\,\text{s}$。

3.灵敏度校验

$$S_P = \frac{K_W I_{k2.min}^{(2)}}{K_{TA} I_{OP}} = \frac{K_W}{K_{TA} I_{OP}} \times \frac{\sqrt{3}}{2} I_{k2.min}^{(3)} = \frac{1}{400/5 \times 6} \times \frac{\sqrt{3}}{2} \times 2660 = 4.8 > 1.5$$

所以,满足要求。

不难看出,越靠近电源侧,保护的动作时间越长,不能满足速动性的要求。因此,定时限过电流保护一般在 10 kV 及以下供配电系统中作主保护,而在 35 kV 及以上系统中作为线路的后备保护。

为了克服定时限过电流保护时限长的缺点,可采用反时限过电流保护。

(二)反时限过电流保护

动作时间与短路电流成反比的继电保护,称反时限过电流保护。反时限过电流保护由 GL 系列感应式继电器组成。

1. 反时限过电流保护的工作原理

图 5-15(a)为直流操作电源、两相式反时限过电流保护装置原理接线图。正常运行时,继电器不动作。当主电路发生短路,流经继电器的电流超过其整定值时,继电器铝盘轴上蜗杆与扇形齿片立即咬合启动,经反时限延时,接点闭合,使断路器跳闸。同时,继电器中的信号牌掉牌,指示保护动作。

图 5-15(b)为交流操作电源、两相电流差式反时限过电流保护装置原理接线图。正常时互感器二次电流经继电器 KA 本身常闭接点流过其线圈,但尚未达到其整定值,故其不动作,交流瞬时脱扣器也不得电;当主回路发生短路时电流超过整定值,则经反时限延时,KA 常开接点闭合,将瞬时电流脱扣器串入电流互感器二次侧,利用短路电流的能量使断路器跳闸。一旦跳闸,短路电流被切除,保护装置返回原来状态。这种交流操作方式适用于 6~10 kV 以下的小型变电所或高压电动机的保护。

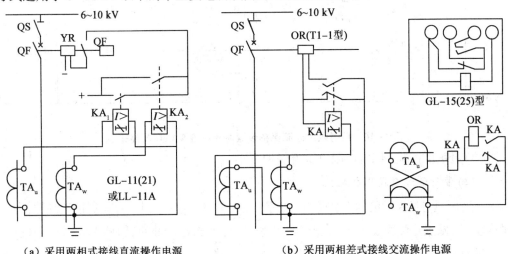

（a）采用两相式接线直流操作电源　　　　（b）采用两相差式接线交流操作电源

图 5-15 反时限过电流保护装置原理电路图

2. 反时限过电流保护的组成接线

GL 系列感应式继电器的反时限过电流保护，可以采用两台继电器和两台电流互感器组成的不完全星形接线，也可以采用两相电流差接线方式，分别如图 5-15(a)(b) 所示。

需要说明的是，继电器的这两对触点的动作顺序，必须是常开触点先闭合、常闭触点后断开，即必须采用 GL-15 等系列具有转换触点的继电器，否则(即常闭触点先断开)，将使继电器失电返回而失去保护作用，且会造成互感器二次带负荷开路。

3. 反时限过电流保护的整定

(1)动作电流整定。同定时限过电流保护。

(2)动作时限的整定。由于反时限过电流保护的动作时限与流过的电流值有关，因此其动作时限并非定值，整定过程也十分复杂。现以图 5-16 为例，说明其动作时限特性与相互配合关系。

对图 5-16 中保护装置 3，设 k-3 点短路时动作时间为 1.2 s，k-4 点短路时动作时间为 0.88 s，在线路 L-2 上多取几点，将不同点短路时的动作时间在坐标上点绘出来，就可以得到保护装置 3 的反时限特性曲线，如图 5-16 中的曲线①。同理，也可以得到保护装置 4 的动作时限曲线②。显然，曲线②应高于曲线①。为了满足选择性要求，且保护装置 4 又要作为保护装置 3 的后备保护，两条时限曲线之间必须有足够大的时差，才能保证线路 L-2 短路时由保护装置 3 先动作，切除故障。

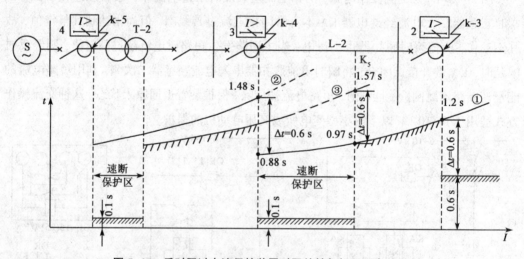

图 5-16　反时限过电流保护装置时限特性与相互配合关系

(3)灵敏度校验。同定时限过电流保护。

(三)带时限过电流保护的比较

定时限过电流保护的优点是简单、可靠，用在单端供电系统中，可以保证选择性，且灵敏度较高。缺点是接线较复杂，且需直流操作电源；靠近电源处的保护装置动作时限较长。

反时限过电流保护的优点是继电器数量大为减少，只需一种 GL 型电流继电器，而且可使用交流电源，又可同时实现电流速断保护，因此投资少，接线简单。缺点是动作时间整定麻烦，且误差较大；当短路电流较小时，其动作时限较长，延长了故障持续时间。

二、电流速断保护

上述带时限过电流保护的动作电流是按照最大负荷电流整定的，为了保证保护装置动作的选择性，必须采用逐级增加的阶梯时限原则，这就使得短路点越靠近电源，保护装置动作时限就越长，于是短路危害也更加严重。

电流速断保护克服了这一缺点。我国规定，当过电流保护的动作时间超过 1 s 时，应该装设电流速断保护装置。

(一)电流速断保护的构成

采用 DL 型电流继电器组成的电流速断保护，相当于把定时限过电流保护中的时间继电器去掉。图 5-17 是被保护线路上同时装有定时限过电流保护和电流速断保护的电路图，其中，KA_3，KA_4，KT，KS_2 与 KM 组成定时限过电流保护；KA_1，KA_2，KS_1 与 KM 组成电流速断保护。后者比前者只少了时间继电器 KT。

当互感器二次侧短路电流达到继电器 KA_3 与 KA_4 的动作电流但尚未达到 KA_1 与 KA_2 的动作电流时，定时限过电流保护启动；当互感器二次侧短路电流达到 KA_1 与 KA_2 的动作电流时，速断保护启动。

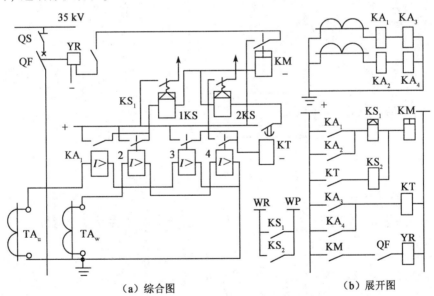

（a）综合图　　　　　　（b）展开图

图 5-17　电流速断与定时限过电流保护

采用 GL 型电流继电器组成的电流速断保护，可直接利用 GL 型电流继电器的电磁系统来实现电流速断保护，而其感应系统又可用作反时限过电流保护。

(二)速断电流的整定

在图 5-18 所示的线路中，线路 WL_1，WL_2 分别装有电流速断保护 1，2。现以保护 1

为例说明其速断电流的整定方法。

当 WL$_2$ 的始端 k-1 点短路时，应该由保护 2 动作使 QF$_2$ 跳闸，而保护 1 不应动作，为此必须使保护 1 的动作电流躲过 k-1 点的短路电流 I_{k-1}。而 I_{k-1} 与 WL$_1$ 末端 k-2 点的短路电流 I_{k-2} 几乎是相等的（因为 k-1 点和 k-2 点相距很近，线路阻抗很小），这就意味着保护 1 的动作电流（速断电流）也必须躲过 I_{k-2}，因此电流速断保护装置 1 的速断电流 I_{qb} 为

$$I_{qb} = \frac{K_{co}K_W}{K_{TA}} I_{k.max}^{(3)} \tag{5-9}$$

式中，K_{co}——可靠系数，对 DL 型继电器取 $K_{co}=1.2\sim1.3$；对 GL 型继电器取 $K_{co}=1.4\sim1.5$；

$I_{k.max}^{(3)}$——被保护线路末端的最大三相短路电流。

由于电流速断保护的速断电流躲过了被保护线路末端的最大三相短路电流，因此在被保护线路末端附近发生其他形式的短路（如两相短路）时，速断保护不可能动作，即电流速断保护不能保护线路的全长，存在"保护死区"。通常，在最大运行方式下发生三相短路时，保护范围能达线路全长的 50% 以上；在最小运行方式下发生两相短路时，保护范围能达线路全长的 15%～20%。

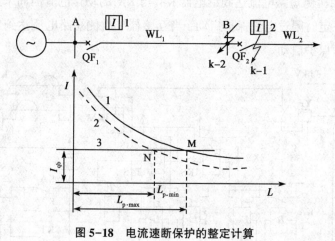

图 5-18　电流速断保护的整定计算

(三) 灵敏度校验

电流速断保护的灵敏度，应按其安装处（即线路首端）在系统最小运行方式下的两相短路电流来校验。

$$S_P = \frac{K_W}{K_{TA} I_{qb}} I_{k.min}^{(2)} \geqslant 1.5 \tag{5-10}$$

式中，$I_{k.min}^{(2)}$——线路首端在系统最小运行方式下的两相短路电流。

例 5-2　图 5-16 所示供电系统中，已知线路 L-2 的最大负荷电流为 298 A，k-3 和 k-4 点短路电流分别为 $I_{k-3max}^{(3)}=1627$ A，$I_{k-3min}^{(3)}=1450$ A，$I_{k-4max}^{(3)}=7500$ A，$I_{k-4min}^{(3)}=6900$ A，电流互感器的变比是 400∶5，采用两相电流差接线。试整定 L-2 首端的电流速断保护 3，并校验速断灵敏度（采用 GL 型电流继电器）。

解 （1）求速断电流。取 $K_{co} = 1.4$，$K_W = \sqrt{3}$，则：

$$I_{qb} = \frac{K_{co}K_W}{K_{TA}}I_{k.max}^{(3)} = \frac{1.4 \times \sqrt{3}}{80} \times 1627 = 49.3(A)$$

（2）校验灵敏度。已知线路 L-2 首端 k-4 点最小三相短路电流 $I_{k-4min}^{(3)} = 6900\ A$，则：

$$S_P = \frac{K_W}{K_{TA}I_{qb}}I_{k.min}^{(2)} = \frac{\sqrt{3}}{80 \times 49.3} \times 0.866 \times 6900 = 2.6 > 1.5$$

所以，满足要求。

三、单相接地保护

小接地电流系统发生单相接地时，虽然系统可以继续运行，但非接地相对地电压升高到线电压，可能击穿对地绝缘造成相间短路。因此，必须通过无选择性的绝缘监察装置或有选择性的单相接地保护装置发出报警信号。

（一）无选择性单相接地保护

1. 绝缘监察装置的作用

绝缘监察装置用于监视小接地电流系统中各相对地的绝缘状况。当系统发生单相接地时，绝缘监察装置发出预告信号。

2. 绝缘监察装置的原理

低压系统的绝缘监察装置如图 5-19（a）（b）所示。系统正常工作时，三个电压表的读数相同；当系统发生单相接地时，接地相电压表读数下降（甚至为零），正常相电压升高。因此，通过表的读数即可判断接地相。

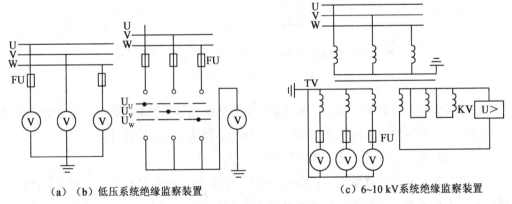

（a）（b）低压系统绝缘监察装置　　　　　（c）6~10 kV系统绝缘监察装置

图 5-19　绝缘监察装置

高压系统（6~10 kV）的绝缘监察装置如图 5-19（c）所示，由三个单相三绕组电压互感器或一个三相五柱三绕组电压互感器构成。电压互感器的一次绕组接成完全星形，中性点接地；其二次侧有两个绕组，其中一个主要绕组接成完全星形，中性点接地，用于显示各相的相电压，通过表的读数即可判断接地相；另一个辅助绕组接成开口三角形，并在开口处接一只过电压继电器 KV，系统正常运行时，开口三角形两端电压近似为零，过电压继电器 KV 不动作，当发生单相接地时，开口三角形两端出现约 100 V 的零序电压，使过电压继电器 KV 动作，发出系统单相接地预告信号。

根据电压表的指示或预告信号，值班人员虽可判断出系统哪一"相"接地，但是不能判断具体是哪一条"线路"接地，因此它是无选择性的。若要查找接地点，可依次断开各条线路，当断开某条线路接地故障消除时，即可判断该条线路某点接地，再派人沿该条线路查找即可。

（二）有选择性单相接地保护

1. 单相接地保护简介

单相接地保护又称零序电流保护，它通过零序电流互感器将一次电路发生单相接地故障所产生的零序电流反映到其二次侧的电流继电器中去，发出报警信号，如图 5-20 所示。当单相接地危及人身和设备安全时，则作用于跳闸。

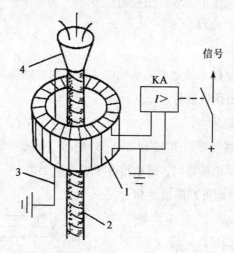

图 5-20 单相接地保护的零序电流互感器的结构和接线

1—零序电流互感器；2—电缆；3—接地线；4—电缆头

这种接地保护装置能够相当灵敏地监视小接地电流系统的对地绝缘，而且能具体地判断出发生单相接地故障的线路（原理分析从略），因此它是有选择性的。

2. 单相接地保护装置动作电流的整定

当供电系统某一线路发生单相接地故障时，会在正常运行的线路上引起不平衡的电容电流，这些正常运行线路上的接地保护装置不应动作。因此，单相接地保护的动作电流应躲过其他线路发生单相接地故障时在本线路上引起的电容电流，即

$$I_{OP(E)} = \frac{K_{rel}}{K_{TA}} I_C \tag{5-11}$$

式中，K_{rel}——可靠系数。保护装置不带时限时取 $K_{rel} = 4 \sim 5$，保护装置带时限时取 $K_{rel} = 1.5 \sim 2.0$。

I_C——其他线路发生单相接地故障时在本线路上引起的电容电流，通常由经验计算方法确定。

K_{TA}——电流互感器变比。

3. 单相接地保护的灵敏度

单相接地保护的灵敏度，应按被保护线路末端发生单相接地故障时流过接地线的不平衡电流作为最小故障电流来检验，即

$$S_P = \frac{I_{C.\Sigma} - I_C}{K_{TA} I_{OP(E)}} \geq 1.5 \qquad (5-12)$$

式中，$I_{C.\Sigma}$——与被保护线路有电联系的总电网电容电流，其经验计算公式为：

$$I_{C.\Sigma} = \frac{U_N(l_{oh} + 35 l_{cab})}{350}$$

式中，l_{oh}——同一电压 U_N 的具有电气联系的架空线路总长度；

l_{cab}——同一电压 U_N 的具有电气联系的电缆线路总长度。

四、过负荷保护

对可能经常过负荷的电缆线路，应装设过负荷保护，延时动作于信号，其接线如图5-21所示。

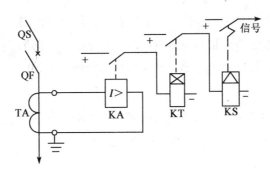

图5-21　线路的过负荷保护电路

(一)动作电流整定

线路过负荷保护的动作电流 $I_{OP(OL)}$，按躲过线路的计算电流 I_{30} 来整定，即

$$I_{OP(OL)} = \frac{1.2 \sim 1.3}{K_{TA}} I_{30} \qquad (5-13)$$

(二)动作时限的整定

线路过负荷保护的动作时间较长，一般取 $10 \sim 15$ s。

【实施与考核】

实施过程：接受任务→学习本任务相关知识→回答考核问题。

考核问题：高压线路通常设置哪几种继电保护? 各有何特点?

任务三　电力变压器的继电保护

【必备知识】

电力变压器在运行过程中可能发生故障和异常。

变压器的故障分为内部故障和外部故障两类。内部故障主要是绕组的相间短路、匝间短路和中性点接地侧单相接地短路；外部故障是引出线绝缘套管的故障。

变压器的异常运行方式有：由于外部短路或过负荷引起的过电流、油面的降低和温度升高等。

变压器的故障和异常运行方式可能会导致铁芯烧毁、油箱爆炸等一系列严重后果，因此应装设必要的保护装置。

【技术手册】

一、过电流保护

变压器的过电流保护，用来保护变压器外部短路时引起的过电流，同时又可作为变压器内部短路时瓦斯保护和差动保护的后备保护，安装在电源侧。

无论采用过电流继电器还是过电流脱扣器，也无论是定时限还是反时限，变压器过电流保护的组成和原理都和电力线路过电流保护的组成和原理完全相同。

（一）动作电流整定

变压器过电流保护动作电流的整定与电力线路过电流保护的整定基本相同，只是式中 $I_{L.max} = (1.5 \sim 3.0) I_{IN.T}$，其中 $I_{IN.T}$ 为变压器的一次额定电流。

（二）动作时限的整定

变压器过电流保护动作时限的整定与电力线路过电流保护的整定相同，也按"阶梯原则"整定。但对电力系统终端变电所（如车间变电所）的变压器，可整定为最小值（0.5 s）。

（三）灵敏度校验

变压器过电流保护灵敏度校验与电力线路过电流保护灵敏度校验基本相同，只是式中 $I_{k.min}^{(2)}$ 为在系统最小运行方式下，变压器二次侧母线上发生两相短路时换算到变压器一次侧的两相最小短路电流。

二、电流速断保护

容量在 10000 kV·A 以下单台运行的变压器和容量在 6300 kV·A 以下并列运行的变压器，一般装设电流速断保护，用来防御变压器内部故障及引出线套管故障。

变压器电流速断保护的组成原理和电力线路电流速断保护的组成原理相同。

（一）动作电流整定

变压器电流速断保护动作电流的整定与电力线路电流速断保护的整定基本相同，只是式中 $I_{k.max}^{(3)}$ 变为 $I_{k.max}''^{(3)}$，$I_{k.max}''^{(3)}$ 为在系统最大运行方式下，变压器二次侧母线发生三相短路时，流经变压器一次侧的最大三相短路电流的次暂态值。

（二）灵敏度校验

变压器电流速断保护灵敏度校验与电力线路电流速断保护灵敏度校验基本相同，只是式中 $I_{k.min}^{(2)}$ 变为 $I_{k.min}''^{(2)}$，$I_{k.min}''^{(2)}$ 为系统在最小运行方式下，保护装置安装处（变压器一次侧）两相短路时最小短路电流的次暂态值。

变压器电流速断保护与电力线路电流速断保护一样，也存在"保护死区"，即保护范围仅限于变压器原绕组和部分副绕组到保护装置安装处。因此，它必须和过电流保护装置配合使用。

必须指出，变压器在空载投入或短路切除后电压突然恢复时，存在一个冲击性的励磁涌流。为避免励磁涌流造成速断保护装置误动，可将变压器空载投入几次，以检验整定的速断装置是否动作。如果动作，应将速断保护的动作电流适当增大，直至速断保护不动作。运行经验证实，速断保护的动作电流只要大于变压器一次额定电流的 3~5 倍，即可避免励磁涌流造成的速断保护装置误动。

三、单相接地保护

变压器单相接地保护，又称零序过流保护。在变压器低压侧中性点的引出线上装设零序电流保护的电路图如图 5-22 所示。

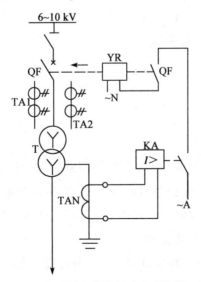

图 5-22　变压器的零序电流保护

（一）动作电流整定

根据变压器运行规程要求，Y，yn 接线的变压器二次侧单相不平衡负荷不得超过额定容量的 25%，因此，变压器二次侧单相接地保护的动作电流应按下式整定：

$$I_{OP}^{(1)} = K_{co} \frac{0.25 I_{2NT}}{K_{TA}} \qquad (5-14)$$

式中，K_{co}——可靠系数，取 $K_{co} = 1.2$；

$\quad I_{2NT}$——变压器二次侧额定电流。

（二）动作时限的整定

单相接地保护的动作时限应比下一级分支线保护设备最长的时限大一个时限阶段，通常整定为 $0.5 \sim 0.7$ s。

（三）灵敏度校验

单相接地保护的灵敏度校验，应满足下式：

$$S_P^{(1)} = \frac{I_{k.min}^{(1)}}{K_{TA}^{(1)} \cdot I_{OP}^{(1)}} \geq 1.25 \sim 1.50 \qquad (5-15)$$

式中，$I_{k.min}^{(1)}$——系统最小运行方式下，变压器二次侧干线末端单相接地最小短路电流；

$\quad K_{TA}^{(1)}$——零序电流互感器的变比。对电缆出线和架空出线，$S_P^{(1)}$ 分别为 1.25 和 1.5。

四、过负荷保护

电力变压器的过负荷保护用来防止变压器因过负荷而引起的过电流。保护装置只接在一相电路中，一般延时动作于信号，也可以延时跳闸，或延时自动减负荷(无人值守变电所)。

变压器过负荷保护的组成原理和电力线路过负荷保护的组成原理相同。

（一）动作电流整定

变压器过负荷保护动作电流的整定与电力线路过负荷保护的整定基本相同，只是式中 I_{30} 应为变压器的额定一次电流 $I_{1N.T}$。

（二）动作时限的整定

过负荷保护的动作时限与电力线路过负荷保护的动作时间一样，应躲过电动机的自启动时间，通常取 $10 \sim 15$ s。

五、瓦斯保护

瓦斯保护，又称气体继电保护，是保护油浸式电力变压器内部故障(如变压器绕组的匝间短路等)的一种基本保护装置。《电力装置的继电保护和自动装置设计规范》(GB 50062—1992)规定，800 kV·A 及以上的油浸式变压器和 400 kV·A 及以上的车间内油浸式变压器，均应装设瓦斯保护。

瓦斯保护的主要元件是瓦斯继电器。它装设在变压器的油箱与油枕之间的连通管上，如图 5-23 所示。为了使油箱内产生的气体能够顺畅地通过瓦斯继电器排往油枕，变压器在制造时，连通管对油箱顶盖有 2%~4% 的倾斜度；变压器安装时还应取 1%~1.5% 的倾斜度。

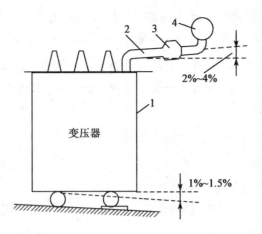

图 5-23 瓦斯继电器在油浸式变压器上的安装

1—油箱；2—连通管；3—瓦斯继电器；4—油枕

（一）瓦斯继电器的结构和工作原理

瓦斯继电器主要有浮筒式瓦斯继电器和开口杯式瓦斯继电器，现在广泛采用的是开口杯式瓦斯继电器。图 5-24 是 FJ3-80 型开口杯式瓦斯继电器的结构示意图。

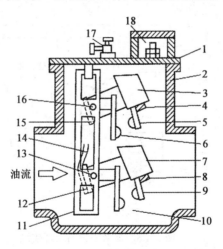

图 5-24 FJ3-80 型开口杯式瓦斯继电器的结构示意图

1—盖；2—容器；3—上油杯；4，8—永久磁铁；5—上动触点；6—上静触点；7—下油杯；

9—下动触点；10—下静触点；11—支架；12—下油杯平衡锤；13—下油杯转轴；14—挡板；

15—上油杯平衡锤；16—上油杯转轴；17—放气阀；18—接线盒

（1）变压器正常工作时，瓦斯继电器的上下油杯中均充满油，在平衡锤的作用下，其上下触点均处于断开状态。

（2）当变压器油箱内部发生轻微故障致使油面下降时，因上油杯中盛有剩余的油，使其力矩大于平衡锤的力矩进而下降，接通上触点，发出报警信号，这就是"轻瓦斯动作"。

（3）当变压器油箱内部发生严重故障时，故障产生的大量气体带动油流冲击挡板，使下油杯降落，接通下触点，直接动作于跳闸，这就是"重瓦斯动作"。

（4）如果变压器出现漏油，将会引起瓦斯继电器内的油慢慢流尽。先是上油杯降落，接通上触点，发出报警信号；当油面继续下降时，会使下油杯降落，下触点接通，从而使断路器跳闸，切除变压器。

可见，轻瓦斯只动作于报警，重瓦斯则动作于跳闸。

（二）瓦斯保护的接线

瓦斯保护的原理接线如图 5-25 所示。

（1）当变压器内部发生轻微故障时，KG 的上触点 KG(1-2)闭合，发出预告（轻瓦斯动作）信号；

（2）当变压器内部发生严重故障时，KG 的下触点 KG (3-4)闭合，KS 和 KM 同时动作：KS 动作——发出跳闸（重瓦斯动作）信号；KM 动作——KM(1-2)闭合——自保持；KM(3-4)闭合——YR 通电跳开 QF。

（3）当 QF 跳开后，QF(1-2)与 QF(3-4)断开，YR 与 KM 失电返回。

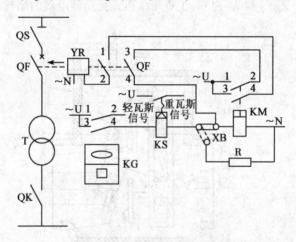

图 5-25　瓦斯保护的原理接线

需要说明的是，在瓦斯继电器试验时，为了防止瓦斯保护的误动作，可将 XB 连接至 R，将重瓦斯切换至只动作用于信号而不跳闸。由于变压器内部发生严重故障时，油流的速度往往很不稳定，所以重瓦斯动作后，KG(3-4)可能有"抖动"（接触不稳定）现象。为使断路器有足够的时间可靠地跳闸，利用 KM(1-2)作"自保持"触点，只要 KG(3-4)一闭合，KM 就动作，KM(1-2)就闭合，此时即使 KG(3-4)因"抖动"（接触不稳定）而断开，KM 线圈仍可通过"~U—KM(1-2)—QF(3-4)—KM 线圈—~N"保持通电，即 KM(3-4)仍处于闭合状态。这种利用自己的常开触点保持自己通电的现象称为"自保持"或"自锁"，这个触点称为"自保持"触点或"自锁"触点。

例 5-3　某车间变电所装有一台 10/0.4 kV，1000 kV·A 的变压器。已知变压器低压侧母线的三相短路电流 $I_k^{(3)} = 16$ kA，高压侧继电保护用电流互感器采用 GL-15/10 型，变比为 100/5，接成两相两继电器式。试整定该继电器的动作电流、动作时限和速断电流倍数。

解　（1）过电流保护动作电流的整定。

取 $K_{co} = 1.3$，$K_W = 1$，$K_{re} = 0.8$，$K_{TA} = \dfrac{100}{5} = 20$，而

$$I_{L.max} = (1.5 \sim 3.0) I_{30} = \frac{2 \times 1000}{\sqrt{3} \times 10} = 115.5 (\text{A})$$

故其动作电流为：

$$I_{op} = \frac{1.3 \times 1}{0.8 \times 20} \times 115.5 = 9.4 (\text{A})$$

（2）过电流保护动作时限的整定。考虑到车间变电所为终端变电所，因此其过电流保护的 10 倍动作电流的动作时间整定为 0.5 s。

（3）速断电流倍数的整定。

取 $K_{co} = 1.5$，而

$$I_{L.max} = 16 \times \frac{0.4}{10} = 0.64 \text{ kA} = 640 (\text{A})$$

故其速断电流为：

$$I_{qb} = 1.5 \times 1 \times \frac{640}{20} = 48 (\text{A})$$

因此，速断电流倍数为：

$$n_b = \frac{48}{9.4} = 5.1$$

【实施与考核】

实施过程：接受任务→学习本任务相关知识→回答考核问题。

考核问题：变压器通常设置哪几种继电保护？各有何特点？

任务四　防雷保护

【必备知识】

所谓过电压，是指因为某种原因出现的超过正常状态、并对系统绝缘构成威胁的高电压。按过电压产生的原因，可分为内部过电压和外部过电压两大类。

一、内部过电压

内部过电压的能量来自系统内部，按其性质可分为操作过电压和谐振过电压。

（一）操作过电压

由于开关操作、负荷骤变或断续性电弧，系统内出现电磁能量转换而引起的瞬间高电压。

（二）谐振过电压

由于系统中电路参数（R，L，C）的组合发生变化，使一部分线路发生谐振而产生的瞬间高电压。

内部过电压幅值一般不超过额定电压的 3.0~3.5 倍，危害较小。

二、外部过电压

外部过电压又称大气过电压、雷电过电压，它的能量来自系统外部，是由于电力系统遭受雷击或雷电感应而产生的过电压。

（一）雷电的形成

雷电形成的说法不一。最常见的说法是，太阳将地面一部分水蒸发成水蒸气，水蒸气上升至一定高度，就形成了云。在上下气流的摩擦和撞击下，一些云带上了正电荷、一些云带上了负电荷，这就形成了雷云。当雷云临近地面时，由于静电感应，大地将感应出与雷云极性相反的电荷。当带有异性电荷的雷云之间、雷云与大地之间的电场强度达到 25~30 kV/cm 时，便开始放电，这就是雷电；同时伴随着耀眼的光亮和震耳的声响，这就是电闪和雷鸣。

（二）雷电的危害

雷电的电流极大（幅值可达几百千安）、电压极高（幅值可达 1 亿多伏）、危害严重，主要表现在以下几个方面。

（1）雷电的热效应。雷电流产生的热量会烧断导线，烧毁用电设备，甚至引起火灾和爆炸。

（2）雷电的机械效应。雷电强大的电动力可能摧毁设备、破坏建筑、伤害人畜。

（3）雷电的闪络效应。雷电压会产生闪络放电，烧坏绝缘子，使断路器跳闸，导致供电线路停电。

（三）外部过电压的基本形式

（1）直击雷过电压。它是雷电直接对建筑物或其他物体放电而产生的过电压。该电压所产生的雷电流有着极大的热破坏作用和机械力破坏作用。

（2）感应雷过电压。雷云出现在架空线上方，输电导线由于静电感应而聚集了大量的异性束缚电荷，雷云对地面放电后，这些被束缚电荷所形成的高电压称感应雷过电压。该电压数值很高，对供电系统的威胁相当大。

（3）雷电波侵入。感应过电压沿线路侵入变配电所，导致电气设备烧毁或绝缘击穿的现象。

【技术手册】

雷电的危害极大，因此必须采取有效措施来防止雷击。一个完整的防雷装置一般由接闪器或避雷器、引下线和接地体三个部分构成。

一、接闪器

接闪器是专门用来接受直接雷击的导体。按其形状和结构的不同，分为避雷针、避雷线、避雷带和避雷网。

（一）避雷针（引雷针）

避雷针通常用直径不小于 10 mm 的镀锌圆钢，或直径不小于 20 mm 的焊接钢管制成，顶部呈尖形，主要用于保护面积较小的高层建筑，如烟囱等。

避雷针的保护范围以其能防护直击雷的空间来表示，以往常用"折线法"计算，目前推荐使用"滚球法"来计算。

"滚球法"是选择一个半径为 h_r 的球体，沿需要防护直击雷的部分滚动。当球体触及到避雷针或者同时触及到避雷针和地面时，那些无法触及的部分就是避雷针的保护范围。

单支避雷针的保护范围如图 5-26 所示，可通过下列方法确定。

（1）当避雷针的高度 $h \leq h_r$ 时：

①在距地面 h_r 处作一条与地面平行的直线；

②以避雷针的针尖为圆心、h_r 为半径作弧线交平行线于 A 和 B 两点；

③以 A 和 B 为圆心、h_r 为半径作弧线，该弧线与针尖相交、与地面相切，则此弧线与地面之间的对称锥体就是避雷针的保护范围。

当被保护物的高度是 h_x 时，其保护半径计算公式如下：

$$r_x = \sqrt{h(2h_r - h)} - \sqrt{h_x(2h_r - h_x)} \tag{5-16}$$

式中，r_x——避雷针在 h_x 高度平面上的保护半径，m；

$\quad h$——避雷针的对地高度，m；

$\quad h_x$——被保护物的对地高度，m；

$\quad h_r$——滚球半径，m；第一类防雷建筑 $h_r = 30$ m，第二类防雷建筑 $h_r = 45$ m，第三类防雷建筑 $h_r = 60$ m。

（2）当避雷针的高度 $h > h_r$ 时，以避雷针上距地面 h_r 处代替避雷针的针尖作为圆心，其余做法同上。

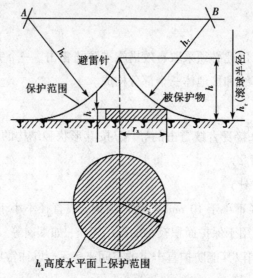

图 5-26　单支避雷针的保护范围

例 5-4　某厂一 50 m 高的烟囱上装有一根 2.5 m 高的避雷针，烟囱旁有一座 10 m 高的第二类防雷建筑物，其屋顶最远处距烟囱 15 m。试验算此避雷针能否保护这座建筑物。

解　已知 $h = 50+2.5 = 52.5$ m，$h_x = 10$ m，$h_r = 45$ m，避雷针在 10 m 高水平面上的保护半径为：

$$r_x = \sqrt{h(2h_r-h)} - \sqrt{h_x(2h_r-h_x)}$$
$$= \sqrt{52.5 \times (2\times45-52.5)} - \sqrt{10 \times (2\times45-10)}$$
$$= 16.1 \text{ m} > 15 \text{ m}$$

可见，该避雷针能保护该建筑物。

（二）避雷线（架空地线）

避雷线的材料为 35 mm² 的镀锌钢线，分单根和双根两种，主要用于保护架空线路。

（三）避雷带和避雷网

避雷带和避雷网通常采用直径不小于 8 mm 的圆钢，或截面不小于 48 mm²、厚度不小于 4 mm 的扁钢制作，主要用于保护面积较大的高层建筑物。

雷击避雷针（线）时，由于避雷针（线）的接地电阻较大或与附近设备距离较近，其上的高电位可能会对附近的设备放电，这种现象称为"反击"；由于气象条件或地理环境等因素，在避雷针（线）保护范围内的物体有时也会被雷击，这种现象称为"绕击"。

二、避雷器

避雷器是用来防止雷电波侵入的电器。常用避雷器的类型有阀式、管式、保护间隙和金属氧化物避雷器等。

（一）阀式避雷器

阀式避雷器有普通阀式避雷器（FS，FZ 系列）和磁吹阀式避雷器（FCD，FCZ 系列）两大类。其型号中：F——阀式避雷器；S——配（变）电所用；Z——电站用；X——线路用；D——旋转电机用；C——具有磁吹放电间隙。

阀式避雷器主要由多个火花间隙与阀片（碳化硅电阻片）串联而成，装在密封的瓷管内，见图 5-27。在正常的工频电压作用下，火花间隙是绝缘的，但在雷电过电压下，火花间隙会被击穿；阀片在正常的工频电压作用下其阻值很大，过电压时其阻值随之变小。

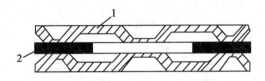

图 5-27 单个平板型火花间隙

1—黄铜电极；2—阀片

正常运行时，由于火花间隙几乎是绝缘的，加之阀片的阻值很大，使避雷器中仅有极小的漏电流流过；雷电过电压时，火花间隙被击穿，阀片在过电压作用下阻值变小，使雷电流顺利地流入大地；随后，由于电压恢复正常，火花间隙恢复绝缘，阀片也呈很大的阻值，从而阻断了尾随雷电流而来的工频电流。

由此可见，火花间隙和阀片的配合，使避雷器很像一个阀门，对雷电流阀门打开，对工频电流阀门则关闭，"阀式避雷器"由此得名。

（二）管式避雷器

管式避雷器由产气管、内部间隙和外部间隙组成，如图 5-28 所示。其中，产气管一般用纤维胶木等能在高温下产生气体的材料制成；内部间隙设在产气管内部，由棒型和环型电极构成；外部间隙设在避雷器与电网之间，以确保正常时避雷器与电网的隔离。

雷电过电压时，其内、外间隙均被击穿，雷电流泄入大地，随之而来的工频电流产生强烈的电弧，使产气管产生大量气体并从管口喷出，进行纵向灭弧。电弧熄灭后，外部间隙恢复绝缘，使避雷器与电网隔离，系统恢复正常运行。

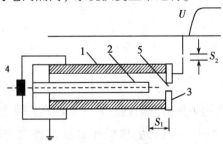

图 5-28 管式避雷器示意图

1—产生气体的管子；2—棒型电极；3—环形电极；4—接地螺母；

5—喷弧管口；S_1—内部火花间隙；S_2—外部火花间隙

（三）保护间隙

保护间隙一般用镀锌圆钢制成，由主间隙和辅助间隙串联组成，如图5-29所示。其中，主间隙做成角形，水平安装以便灭弧；辅助间隙可防止主间隙被外来的物体短路，引起误动作。

雷电过电压时，保护间隙作为一个绝缘薄弱环节而被击穿，雷电流泄入大地。电压正常时，保护间隙恢复绝缘。

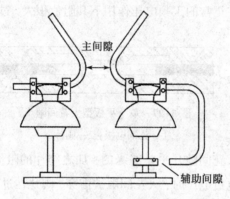

图5-29 保护间隙

（四）金属氧化物避雷器

金属氧化物避雷器（又称压敏避雷器）是20世纪70年代开始出现的一种避雷器，由采用金属氧化物（如氧化锌）制成的阀片（压敏电阻）叠装而成。

该阀片具有优异的非线性伏安特性：工频电压下，它呈现极大的电阻，可有效地抑制工频电流；而在雷电过电压时，它又呈现极小的电阻，能很好地泄放雷电流。

（五）引下线

引下线是接闪器或避雷器与接地体之间的连接线，通常采用直径为 6 mm 的圆钢，或截面积不小于 25 mm² 的镀锌钢绞线及扁钢等制成，以防雷电流流过时熔断。

（六）接地体

接地体是埋于地下与土壤直接接触的金属物体，它将引下线上的雷电流泄入大地。通常要求其接地电阻不大于 10 Ω。

三、防雷措施

（一）架空线路的防雷措施

1. 架设避雷线

架设避雷线是十分有效的防直击雷措施，但造价较高。因此只有在 66 kV 及以上的架空线路上才全线装设避雷线，35 kV 的架空线只是在进出变电所的一段线路（500～600 m）上或人口稠密区装设避雷线，10 kV 及以下的架空线一般不装设避雷线。

2. 加强线路绝缘或装避雷器

加强线路绝缘或装避雷器可防止雷击时发生闪络现象。通常采用瓷横担及高一级电压等级的绝缘子，或在绝缘薄弱处装设避雷器。

3. 采用自动重合闸装置(ARD)

为缩短架空线遭雷击而跳闸的停电时间，应尽量采用自动重合闸装置。

4. 低压架空线路的保护

对于重要用户，应在低压线路入户前 50 m 及户内分别安装低压避雷器；对于一般用户，可在低压线路入户前安装低压避雷器或击穿保险器，也可将进户线的绝缘子铁脚接地；在多雷地区，直接与低压架空线路相连的电度表等用电设备宜装压敏避雷器或保护间隙。

(二)变(配)电所的防雷措施

1. 装设避雷针

装设避雷针可防止变(配)电所建筑物和户外配电装置遭受直击雷。

2. 装设避雷器

装设避雷器可防止雷电波侵入。线路进线侧、变压器的高压侧均应装设阀式避雷器，如图 5-30 所示；当变压器低压侧中性点不接地时，为防止雷电波沿低压线侵入，还应在低压侧的中性点装设阀式避雷器或保护间隙。

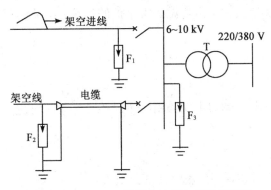

图 5-30　6~10 kV 防雷电波侵入接线示意图

(三)高压电动机的防雷措施

高压电动机通常从厂区 6~10 kV 的高压配电网直接受电，由于条件的限制，其绕组的绝缘水平比变压器低很多，因此不能采用普通的阀式避雷器。

对定子绕组中性点能引出的大功率高压电动机，通常在中性点加装相电压磁吹阀式避雷器(FCD 型)或金属氧化物避雷器防雷；对中性点不能引出的电动机，可采用磁吹阀式避雷器(FCD 型)与电容 C 并联的方法防雷，如图 5-31 所示。将电容器接成星形，并将其中性点直接接地。

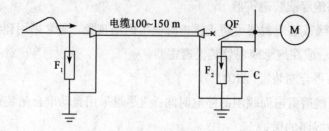

图5-31　高压电动机防雷保护示意图

F_1—排气式避雷器或普通阀式避雷器；F_2—磁吹阀式避雷器

（四）建筑物的防雷措施

建筑物按其防雷的要求，可分为三类。

1. 第一类建筑物

凡存放易燃易爆物品，因电火花可导致屋毁人亡的建筑物，称为第一类建筑物。这类建筑物应采取防直击雷、感应雷和雷电波入侵的保护措施。

2. 第二类建筑物

条件同第一类，但电火花不易引起爆炸或不至于造成巨大破坏和人身伤亡。这类建筑物的防雷措施基本与第一类相同。

3. 第三类建筑物

凡不属第一、二类建筑物又需要做防雷保护的建筑。这类建筑物应有防直击雷和防雷电波侵入的措施。

【实施与考核】

实施过程：接受任务→学习本任务相关知识→回答考核问题。

考核问题：

（1）什么是过电压？

（2）一个完整的防雷装置一般由哪几部分组成？

任务五　接地保护

【必备知识】

将电气设备的某金属部分与大地之间进行良好的电气连接，称为接地。

一、接地电流和对地电压

（一）接地电流

当发生接地故障时，通过接地体流入大地的电流就是接地电流。

（二）对地电压

接地电流在流入大地的过程中是呈半球形散开的（这种现象称为"散流现象"），离接地体越近，散流表面积越小，散流电阻越大，电位越高；离接地体越远，散流表面积越大，散流电阻越小，电位越低；离接地体约 20 m 处，散流电阻已趋近于零，该处的电位也趋近于零，这个电位为零的点就称为电气上的"地"，如图 5-32 所示。

电气设备接地部分与"地"之间的电位差，称为电气设备接地部分的对地电压 U_E。

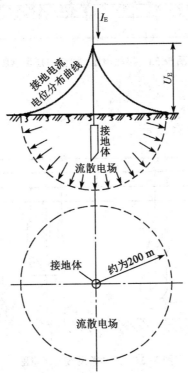

图 5-32　接地电流（I_E）、对地电压（U_E）及接地电流电位分布曲线

二、接触电压（U_{tou}）和跨步电压（U_{step}）

（一）接触电压

接触电压是指设备绝缘损坏时，由于接触设备带电外壳而在人体上形成的电位差。

（二）跨步电压

跨步电压是指人在接地故障点附近行走，两脚之间产生的电位差。图 5-33 是这两种电压的示意图。

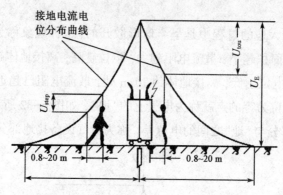

图 5-33　接触电压、跨步电压示意图

【技术手册】

常见的接地方式如图 5-34 所示。

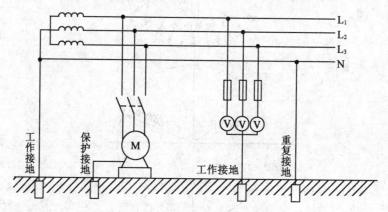

图 5-34　几种常见接地示意图

一、工作接地

工作接地,是为了保证电气设备正常工作而进行的接地。

各种工作接地都有其各自的功能,如变压器、发电机的中性点直接接地,能在运行中维持三相系统中相线对地电压不变;防雷装置的接地是为了对地泄放雷电流;等等。

二、保护接地(保护接零)

保护接地,是为了保护人身安全,将电气设备的金属外壳(配电装置的构架、线路的塔杆)等正常情况下不带电、但可能因绝缘损坏而带电的所有部分接地。

保护接地通常有两种形式:一种将设备外壳通过各自的接地体与大地紧密相接,我国过去称之为"保护接地";另一种是将设备外壳通过公共的 PE 线或 PEN 线接地,我国过去称之为"保护接零"。

必须要注意的是,同一低压配电系统中,不能有的设备采取保护接地而有的设备采取保护接零,否则,当采取保护接地的设备发生单相接地故障时,采取保护接零的设备外露可导电部分(外壳)将带上危险的电压(约为相电压的一半),这将严重威胁到工作人员的人身安全。

三、重复接地

在中性点直接接地的 TN 系统中,为确保公共 PE 线或 PEN 线安全可靠,除在中性点进行工作接地外,还必须在 PE 线或 PEN 线的一处或多处进行多次接地,即重复接地。

【实施与考核】

实施过程:接受任务→学习本任务相关知识→回答考核问题。

考核问题:

(1)什么是保护接地?什么是保护接零?为什么同一低压配电系统中,不允许有的设备采用保护接地、有的设备采用保护接零?

(2)什么是重复接地?为什么要重复接地?

实训一　电磁式继电器的整定

一、实训目的

(1)了解供配电系统中常用的过电流继电器和时间继电器的结构、工作原理和基本特性。

(2)掌握调试各种继电器(DL 型电流继电器、DS 型时间继电器)的基本技能。

二、实训设备

(1)DL 型电流继电器、DS 型时间继电器。

(2)白炽灯、交流接触器。

(3)电流表 2.5/5 A。

(4)调压器。

(5)401 型电秒表。

三、实训内容

(一)DL 型电流继电器的结构及特性调试过程

(1)熟悉铭牌,了解继电器的型号、额定电流和启动电流的整定范围。

(2)观察继电器外观、结构,了解继电器的主要组成部分——铁芯、线圈、可活动舌、活动触点、固定触头、弹簧及接线端子的实际位置。

(3)掌握在整定值刻度盘上调整继电器动作参数的方法。

(4)测量 DL 型继电器的启动电流、返回电流,计算返回系数。

（二）实训接线

实训接线图如图 5-35 所示。

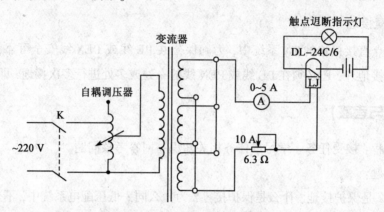

图 5-35 电流继电器实训接线图

（三）测量启动电流、返回电流的方法

（1）在整定值刻度盘上调整拨针指示位置，先进行继电器线圈并联实训，后进行线圈串联实训。

（2）将自耦调压器调回零位。

（3）合上交流电源开关 K。

（4）调节调压器旋转手柄，使输出电压由零慢慢上升，同时观察电流表 A 读数的变化，直至 DL 型电流继电器动作常开触头闭合，显示灯亮，记录此时电流值，即启动电流 I_{OP}。

（5）调节调压器手柄，将电压稍稍上升，然后再反向旋动手柄，使继电器线圈中的电流缓缓下降，至 DL 继电器常开触点断开释放，显示灯灭，记录此时电流值，即返回电流 I_{re}。

（6）重复（2）~（5）共三次，记录有关数据，取其平均值。

电流继电器实训结果记录在表 5-4 中，其中，返回系数 $= \dfrac{返回电流}{启动电流}$。

表 5-4 电流继电器实训记录表

项目	第一次	第二次	第三次	平均值
动作电流/A				
返回电流/A				
返回系数				

（四）DS 型时间继电器结构及特性实训步骤

（1）了解继电器的型号、额定电压、动作时间的整定范围等铭牌数据。

（2）观察继电器外观和结构，了解继电器主要组成部分——线圈、磁路、可动铁芯、时间机构、触点和接线端子的实际位置。

（3）时间继电器动作时间的整定。

（4）实训接线如图 5-36 所示。

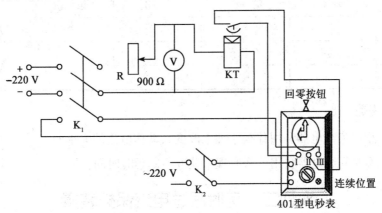

图 5-36　时间继电器实训接线图

（五）接线注意事项

（1）本实训需两组电源，即直流 220 V 和交流 220 V 电源，不能接错，也不能混接。

（2）401 电秒表的四个接线端子的性质与表背面电路图对照，由 DS 型时间继电器延时常开触点所短接的部分，应是电秒表的线圈。

注：401 电秒表的使用方法为先接通电源并将秒针回位，选择开关为触动，这时秒表准备启动，接通 I 和 III 端，秒表启动并计时，接通 I 和 II 端，秒表停止计时。

（六）实训步骤

（1）按图 5-36 接线，经检查无误后方可进行以下各步。

（2）调整 DS 型时间继电器动作时间，如 5 s。

（3）将电秒表的指针复位，若指针不能复位为 0，则记下相应误差时间。注意秒表长针旋转一周时间为 1 s，则每小格为 0.01 s，短针每旋转一周为 10 s，则每小格为 1 s。

（4）合上直流电源开关 K_1。

（5）合上交流电源开关 K_2，交流接触器合闸，则 DS 型时间继电器和电秒表同时得电启动。经整定时间后，DS 型时间继电器的延时常开触点闭合，电秒表线圈被短路，计时停止，则电秒表长短针共同提示的时间就是 DS 型时间继电器的实际延时时间，记录该时间数据。

（6）断开 K_2。

（7）重复（3）～（6）共三次，取平均值，记录在表 5-5 中。

表 5-5　时间继电器实训记录表　　　　　　　单位: s

型号	整定时间	实测时间			
		第一次	第二次	第三次	平均误差

四、思考题

（1）DL 型电流继电器利用什么原理来改变其动作电流的大小？

（2）DS 型时间继电器利用什么原理来获取不同延时时间？

实训二　定时限过电流保护装置

一、实训目的

了解定时限过电流保护装置的动作原理，掌握定时限过电流保护的设计及整定。

二、实训设备

（1）DL 型电流继电器、DS 型时间继电器、DZ 型中间继电器。

（2）0～20 Ω 调节变阻器。

（3）0～5 A 交流电流表。

（4）401 型电秒表。

三、实训内容

（一）定时限过电流保护装置

认真阅读定时限过电流保护装置原理图，如图 5-37 所示。

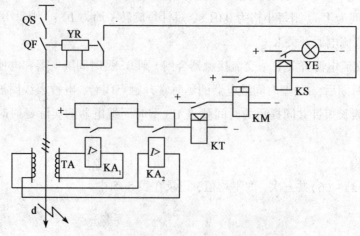

图 5-37　定时限过电流保护装置原理图

定时限过电流保护的动作原理：当线路 d 点发生短路时，流过线路的电流增大，当电流达到电流继电器的动作电流值时，电流继电器 KA₂ 动作，继电器触点闭合，接通时间继电器 KT 的线圈，经过延时后，接通信号继电器 KS 的线圈，信号继电器 KS 的触点将断路器的跳闸线圈接通，断路器跳闸并切除故障。

定时限过电流保护装置实训接线图如图 5-38 所示。

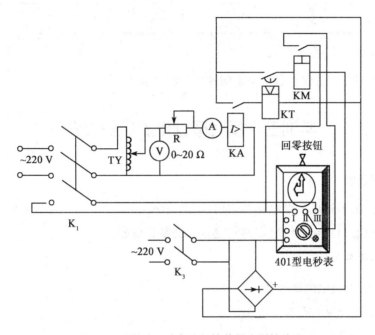

图 5-38　定时限过电流保护装置实训接线图

先将保护装置中电流继电器的动作电流值 I_{op} 设定为 2.4 A。时间继电器的动作时限设定为 2 s，先合上 K₁，通过调节调压器 TY 或电阻 R 改变线路电流 I，使线路电流 I = 2.1 A 后，拉开闸刀 K₁。合上 K₃，给电秒表和整流桥供电准备测试，再快速合上 K₁，用冲击法分别做出 I = 2.1，2.4，2.7，3.0 A 时的动作时间。实训数据填入表 5-6 中。

表 5-6　定时限过电流保护实训数据

动作电流/A	2.1	2.4	2.7	3.0
动作时间/s				

注意分析当线路电流 $I < I_{op}$ 时，定时限过电流保护装置动作状态。并记录数据，分析并画出定时限过电流保护装置动作特性曲线。

(二)根据给定数据整定继电保护装置

已知电流继电器的动作电流整定为 I_{op} = 2.4 A，时间继电器的动作时限整定为 2 s，当线路电流 $I \geqslant I_{op}$(取 I = 1.1I_{op})时，测定定时限过电流保护装置的动作时间、动作电流。

以上实训重复做三次，将实训数据填入表 5-7 中，并计算出平均误差，整理实训数据，画出定时限过电流保护装置特性曲线图。

表 5-7 定时限流过电流保护整定实训数据

项目	1	2	3	平均误差
动作电流/A				
动作时间/s				

四、思考题

分析定时限过电流保护装置与电流速断保护装置的不同。

实训三 反时限过电流保护装置

一、实训目的

(1)了解 GL 型过电流继电器的结构、动作原理。

(2)掌握 GL 型过电流继电器的测定方法及参数整定。

二、实训设备

(1)GL-15 型过电流继电器。

(2)0~25 A 交流电流表。

(3)401 型电秒表。

(4)调节变阻器(8 A, 0~20 Ω)。

(5)单相调压器(5 kV, 220/0-250 V)。

三、实训内容

(一)观察继电器的结构

着重了解感应系统和电磁系统的组成及动作原理，了解什么是电流整定插销、瞬动电流倍数、蜗杆、扇形齿轮、继电器时限调节机构等。

(二)认真阅读反时限过电流保护装置的原理图

该实训原理图如图 5-39 所示。

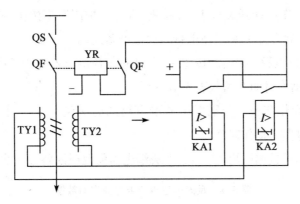

图 5-39　反时限过电流继电器原理图

反时限过电流保护采用 GL 型感应式过电流继电器,它由感应系统和电磁系统两个系统组成。感应系统动作是有限时的。电磁系统动作是瞬时的,它具有反时限特性,动作时间与短路电流大小有关,短路电流越大,动作时间越小,短路电流越小,动作时间越大。

实训接线如图 5-40 所示。

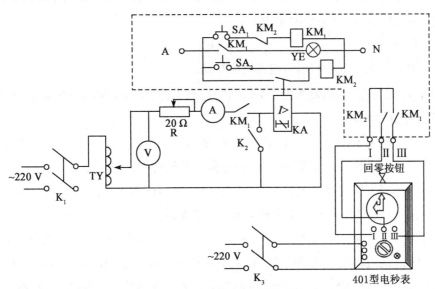

图 5-40　反时限过电流继电器实训接线图

注:虚线内所示电路原理图在盘内已接好,请自己分析。

(三)实训步骤

(1)按照图 5-42 接线。

(2)合上开关 K_2,先将电流继电器线圈短路。

(3)合开关 K_1 通电源,按启动按钮 SA_1(绿色)接通电路,调节调压器 TY 或电阻器 R。

(4)通过电路的电流值为 3.0 A(或 $1.5I_{op}$),记录此时的电流并填入表 5-9 中。

(5)按停止按钮 SA_2(红色),断开 K_2 和 K_1。

(6)将电秒表工作选择开关置于"连续性"位置,按压回零按钮,使401型电秒表的指针回到"0"位。然后合开关 K_3,使电秒表通电准备启动。

(7)合开关 K_1 通电源,按启动按钮 SA_1,使过电流继电器开始工作。继电器动作后,记录此时继电器的动作时间并填入表5-8中。

(8)重复上述操作步骤,分别做出通过电路的电流值为3.0,4.0,5.0,6.0,8.0,10.0,14.0 A 的继电器的动作时间。

(9)根据以上测量数据画出 GL 型过电流继电器的反时限特性曲线。

表5-8 反时限过电流继电器实训数据

动作电流/A	3.0	4.0	5.0	6.0	8.0	10.0	14.0
动作时间/s							

(四)给定数据

已知继电器整定电流为2.0 A,瞬动电流倍数为4,要求将继电器动作时限整定在继电器线圈电流为5.0 A,其动作时限为1 s。

(五)实训步骤

(1)合上开关 K_2,先将电流继电器线圈短路。

(2)合 K_1 通电源,按启动按钮 SA_1(绿色)接通电路,调节调压器 TY 或电阻器 R 使通过电路电流值为5.0 A。

(3)按停止按钮 SA_2(红色),断开关 K_2 和 K_1。

(4)改变继电器时限调节机构位置。使时限调节机构指针为1 s。

(5)将电秒表工作选择开关置于"连续"位置,按压回零按钮,使401型电秒表的指针回到"0"位。然后合开关 K_3,使电秒表通电准备启动。

(6)合上开关 K_1 通电源,按启动按钮 SA_1,过电流继电器开始工作,继电器动作后,记录动作时间。通过调节改变继电器时限调节机构的位置,使动作时间达到1 s 左右。继电器整定完毕。重复启动三次,记录动作时间并填入表5-9中,求平均值,并画出 GL 型电流继电器的反时限特性曲线。

表5-9 反时限过电流继电器整定实训数据

测试次数	1	2	3	平均值
动作时间/s				

四、思考题

(1)什么是反时限过电流保护?

(2)试述 GL 型过电流继电器的结构、动作原理?

项目六 安全用电

为了保证安全用电，必须采取一定的安全措施。

任务一 安全用电的基本知识

【必备知识】

一、触电的类型

按是否接触带电体，分为直接触电和间接触电。直接触电是人体不慎接触带电体或是过分靠近高压设备；间接触电是人体触及到因绝缘损坏而带电的设备外壳或与之相连接的金属构架。按电流对人体的伤害，分为电击和电伤。电击是指电流对人体内部组织造成的损伤，表现为人体的肌肉痉挛、呼吸中枢麻痹、心室颤动、呼吸停止等；电伤是指电流对人体外部造成的损伤，常见的形式有电灼伤、电烙印、皮肤渗入熔化的金属等。

二、触电的原因

人体触电的情况比较复杂，其原因主要有以下几个方面。

（1）违反安全操作规程。

（2）维护不及时。

（3）设备安装不符合规定。

（4）不小心。

三、触电危险程度的相关因素

人体一旦触电会产生一定的危险。其危险程度与以下因素有关。

（一）电压

人体接触的电压愈高，通过人体的电流就愈大。国家标准《特低电压（ELV）限值》（GB/T 3805—2008）规定，我国安全电压额定值的等级为：42，36，24，12，6 V。场合不同，安全电压也不同。

（二）电阻

人体的电阻越小，通过人体的电流就愈大。

（三）电流

其大小取决于触电者接触到电压的高低和人体电阻的大小。当人体通过 0.6 mA 的电流时，会感觉麻和刺痛；通过 20 mA 的电流，会感觉剧痛和呼吸困难；通过 50 mA 的电流就有生命危险；通过 100 mA 以上的电流，就能引起心脏麻痹、心房停止跳动，直至死亡。可见，通过人体的电流愈大，触电者就愈危险。

按通过人体的电流对人体的影响，将电流大致分为感觉电流、摆脱电流和致命电流三种。感觉电流是指使人体有感觉的最小电流。摆脱电流是指人体触电后能自主地摆脱电源的最大电流，又称安全电流。我国规定安全电流为工频 30 mA，且通过时间不超过 1 s，即 30 mA·s。致命电流是指危及生命的最小电流，致命电流为工频 50 mA·s。

（四）频率

工频 50~60 Hz 对人体是最危险的。

（五）电流作用时间

电流通过人体的时间愈长，对人体机能的破坏就愈大，获救的可能性也就愈小。

（六）电流通过人体的路径

电流流过人体心脏时最危险，如由左手到脚。

（七）触电者的体质状况

触电者的体质越差越危险，如心脏病患者。

【技术手册】

一、防止触电的技术措施

（一）间接触电的防护措施

（1）采用自动切断供电电源的保护，并辅以总等电位连接。

（2）采用双重绝缘或加强绝缘的电气设备（Ⅱ类电工产品）。

（3）将有触电危险的场所绝缘，以构成不导电环境。

（4）采用不接地的局部等电位连接的保护。对于无法或不需要采取自动切断供电电源防护的某些装置，可将其外露可导电部分相互连接，形成一个局部等电位环境。

（5）采用电气隔离（隔离变压器）。

（6）采用接地、接零保护（详见项目五）。

（二）直接触电的防护措施

（1）绝缘防护。将带电体绝缘，以防止与带电体有任何接触的可能。

（2）屏护防护。采用遮栏和外防护物以防止人员触及带电部分。

（3）障碍防护。采用阻挡物进行防护，以防止人员无意识地触电。

（4）保证安全距离的防护。带电体与地面之间、带电体与其他设施的设备之间、带电体与带电体之间都必须保持一定的安全距离。计算伸臂范围时，必须将手持较大尺寸的导电物体考虑在内。

（5）采用漏电保护装置。这是一种后备保护措施，可与其他措施同时使用。

（三）间接触电与直接触电兼顾的保护

对于间接触电与直接触电兼顾的保护，可采用安全电压。

二、触电急救

触电人员的现场急救是抢救过程的一个关键。如果处理的方式及时正确，就可能使因触电而假死的人获救；反之则可能带来不可弥补的后果。因此，电气工作人员必须熟悉和掌握触电急救技术。

触电急救的基本原则是在现场采取积极措施保护伤员生命，并根据具体情况，迅速联系医疗救治部门。

（一）使触电者迅速脱离电源

在保证自身安全的前提下，可采取以下措施。

（1）迅速断开电源开关，如拉开刀闸、拔掉插头等。

（2）使用带有绝缘柄的工具断开电源，如用带有绝缘柄的斧子、电工钳断开电源线。

（3）使用绝缘工具使触电者脱离电源，如使用干燥的木棍挑开触电者触及的电源线。

（4）戴绝缘手套、站在绝缘垫板上或抓住触电者的衣服拉开触电者，切记要避免碰到触电者的裸露身躯。

（二）触电者脱离电源后的处理

（1）触电者如果神志清醒，应使其就地平躺，严密观察，暂时不要使其站立或走动。

（2）触电者如果神志不清，应使其就地平躺，用 5 s 轻拍其肩部并呼喊触电者，以判断其是否丧失意识，禁止摇动触电者头部。

（三）呼吸、心跳情况的判定

触电者如果意识丧失，应在 10 s 内用看、听、试的方法判定触电者的呼吸、心跳情况。

（1）看：触电者的胸部、腹部有无起伏动作。

（2）听：贴近触电者的口、鼻处，听有无呼吸声音。

（3）试：试测触电者的口、鼻处有无呼气的气流、颈动脉有无搏动。

若看、听、试的结果为既无呼吸又无颈动脉搏动，则可判定为呼吸、心跳停止。

（四）心肺复苏

触电者的呼吸和心跳均停止时，应立即采取心肺复苏法，正确进行就地抢救。心肺复苏措施主要有以下几种。

（1）保持气道通畅。取出触电者口内异物，严禁垫高触电者的头部。

（2）人工呼吸。在保持气道通畅的同时，捏住触电者的鼻翼，在不漏气的情况下，向其口内连续大口吹气两次，每次 1~1.5 s。如果颈动脉仍无搏动，要立即进行胸外挤压。

（3）胸外按压。

①确定正确的按压位置。用右手的食指和中指沿右侧肋弓下缘向上，找到肋骨和胸骨接合处的中点，然后两手指并齐，将中指按在切迹中点（剑突底部），食指平放在胸骨下部，另一只手掌根要紧挨食指上缘，置于胸骨上，此处即为正确的按压位置。

②掌握正确的按压姿势。救护人员应两臂伸直、两手掌根相叠、手指翘起，利用自身重量，将触电者的胸部垂直压陷 3~5 cm 并立即放松，此时手掌根不得离开触电者胸部。

③胸外按压应匀速进行。胸外按压一般为 80 次/分钟；若胸外按压与人工呼吸同时进行，操作频率为：一人抢救时每按压 15 次、吹气 2 次（15∶2），两人抢救时每按压 5 次、吹气 1 次（5∶1）。

【实施与考核】

实施过程：接受任务→学习本任务相关知识→回答考核问题。

考核问题：

（1）电击与电伤的区别是什么？

（2）我国的安全电压额定值是多少？

（3）摆脱电流与致命电流有何不同？

（4）在触电急救中，胸外按压的频率一般为多少？

任务二　安全用电措施

【必备知识】

一、电工安全教育

触电事故与电气工作人员的业务水平、安全意识有直接关系，因此电气工作人员应该了解本行业的安全要求，熟悉本岗位的安全操作规程。新职工上岗前应经三级（厂、车间、班组）安全教育和日常安全教育，力争将事故消灭在萌芽状态。

二、建立和健全规章制度

合理的规章制度是从长期的生产实践中总结出来的保证安全生产的有效手段。

石化行业长期推广"三三、二五制"，其中，"三三"是指：

三图——操作系统模拟图、设备状况指示图、二次接线图；

三票——运行操作票、检修工作票、临时用电票；

三定——定期检修、定期清扫、定期试验。

"二五"是指：

五规程——运行、检修、试验、事故处理、安全工作等五个规程；

五记录——运行、检修、试验、事故处理、设备缺陷等五项记录。

这些规章制度为企业的安全、连续、高效生产起到了保驾护航的作用。

三、加强电气安全检查

电气设备长期带缺陷运行、电气工作人员违章操作等，均为事故隐患。因此，应该加强正常运行维护工作和定期检修工作，及时发现和消除隐患；同时，要积极教育电气工作人员严格执行安全操作规程，以确保安全用电。

四、使用电气安全用具

为了防止发生触电事故，电气工作人员在工作中必须使用电气安全用具。通常将安全用具分成基本安全用具和辅助安全用具两大类。基本安全用具的绝缘强度能长期承受工作电压，如绝缘棒、绝缘夹钳、低压试电笔、绝缘手套等；辅助安全用具的绝缘强度不能长期承受工作电压，常用来防止接触电压、跨步电压、电弧灼伤等危害，如高压绝缘手套、绝缘垫等。

【技术手册】

一、安全用电的技术措施

在供电系统的运行、维护过程中，电气工作人员在全部停电或部分停电的电气设备上工作时，必须完成下列技术措施。

(一)停电

检修设备停电时，必须把来自各途径的电源断开，且各途径至少有一个明显的断开点(如隔离开关，刀开关等)。同时，工作人员应与周围带电设备保持一定的安全距离。表6-1列出了电气工作人员工作中正常活动范围与周围带电设备的安全距离。

表6-1 工作人员工作中正常活动范围与周围带电设备的安全距离

电压/kV		10 及以下	20~35	60~110
安全距离 /m	无遮拦	0.70	1.00	1.50
	有遮拦	0.35	0.60	1.50

(二)验电

要检修的电气设备和线路停电后，在装设接地线之前必须验电，以验证停电设备是否有电压，从而防止带电装设接地线或带电合闸等恶性事故发生。

验电前，应在带电设备上检验验电器是否良好；验电时，应在被检修设备的进出线两端逐相进行。高压验电时，工作人员必须戴绝缘手套，使用电压等级合适、试验合格、试验期限有效的验电器。

（三）装设临时接地线

装设临时接地线一方面可防止工作地点突然来电，另一方面可以消除停电设备或线路上的静电感应电压，释放停电设备上的剩余电荷，保证工作人员安全。

装设接地线应注意以下几点。

（1）装拆临时接地线应使用绝缘棒或戴绝缘手套。

（2）装设接地线应由两人进行，用接地隔离开关接地。

（3）接地线应采用多股裸铜线，其截面积不得小于 25 mm^2，采用专用线夹固定在导体上，严禁采用缠绕方式；带有电容的设备或电缆线路，应先放电，然后装设地线。

（4）装设临时接地线必须先接接地端，后接导体端，且接触良好；拆的顺序与此相反。

（5）杆塔无接地引下线时，可采用临时接地棒，接地棒地下深度不得小于 0.6 m。

（四）悬挂标示牌和装设临时遮拦

标示牌用来对所有人员提出危及人身安全的警告及应注意的事项，临时遮拦可防止工作人员误碰或靠近带电体。

常用的标示牌及其使用场合如下。

（1）在一经合闸即可送电到工作地点的断路器和隔离开关的操作手柄上，应悬挂"禁止合闸，有人工作！"标示牌。

（2）若线路检修，在线路断路器和隔离开关的操作手柄上，应悬挂"禁止合闸，线路有人工作！"标示牌。

（3）临时遮拦上应悬挂"止步，高压危险！"标示牌。

（4）工作地点处应悬挂"在此工作！"标示牌。

（5）工作人员上、下处应悬挂"从此上下！"标示牌。

（6）可能误登处应悬挂"禁止攀登，高压危险！"标示牌。

二、安全用电的组织措施

安全用电的组织措施，是为保证人身和设备安全而制定的各种制度、规定和手续。

（一）工作票制度

工作票是准许在电气设备或线路上工作的书面命令，也是执行保证安全技术措施的书面依据。

1. 工作票的种类

根据工作性质、范围的不同，工作票分为以下两种。

(1)第一种工作票。这种工作票适用于需要全部停电或部分停电的工作,应在工作前一日交给值班员。

(2)第二种工作票。这种工作票适用于带电作业和在带电设备外壳上的工作,应在进行工作的当天预先交给值班员。

2. 工作票的内容

工作票的主要内容包括:工作内容、工作地点、停电范围、停电时间、许可开始工作时间、工作终结时间及安全措施等。

3. 工作票相关人员的责任

(1)工作票签发人。签发人应确定工作的必要性、安全性、工作票上所填安全措施是否正确完备、所派工作负责人和工作班人员是否适当和足够、工作人员精神状态是否良好等。工作票签发人不得兼任该项工作的工作负责人(监护人)。

(2)工作负责人(监护人)。负责人应正确安全地组织工作,结合实际进行安全思想教育,督促监护工作人员遵守安全规程,检查工作票所填安全措施是否正确完备,检查值班员所做的安全措施是否符合现场实际条件,工作前对工作人员交代安全事项,确定工作班人员变动是否合适,等等。工作负责人(监护人)可以填写工作票。

(3)工作许可人。许可人负责审查工作票所列安全措施是否正确完备、是否符合现场条件、工作现场布置的安全措施是否完善,负责检查停电设备有无突然来电的危险,并向工作票签发人详细询问工作票中的任何疑问。工作许可人不得签发工作票。

(4)值班长。值班长负责审查工作的必要性和检修工期是否与批准期限相符、工作票所列安全措施是否正确完备。

(5)工作班人员。工作班人员应熟悉工作内容及工作流程,认真执行安全规程和现场安全措施,正确使用安全工器具和劳动防护用品,互相关心施工安全,监督安全规程和现场安全措施的实施。

(二)操作票制度

为确保人身、设备安全,在全部停电或部分停电的电气设备或线路上进行倒闸操作时,必须执行操作票制度。

(1)操作票由当班执行操作的人员填写;填票人按照调度命令,弄清操作目的、运行方式、设备状态后,再填写操作票;填票人和审票人应对操作票的正确性负责。

(2)操作票的内容应包括:操作票编号、填写日期、发令人、受令人、操作开始和结束时间、设备的双重名称(即设备的名称和设备的编号)、操作任务、顺序、项目,以及操作人、监护人、备注等。

(3)操作票应用钢笔或圆珠笔填写,要求票面整洁、任务明确、书写工整,并使用统一的调度术语,不得任意涂改。

(4)一张操作票只能填写一个操作任务,所谓"一个操作任务"是指:

①将一种电气运行方式改变为另一种运行方式;

②将一台电气设备由一种状态(运行、备用、检修)改变到另一种状态;

③同一母线上的电气设备,一次倒换到另一母线;

④属于同一主设备的所有辅助设备与主设备同时停送电的操作,如一台主变压器和所供电的全部出线设备由一种状态改变为另一种状态。

(5)倒闸操作须由熟悉现场设备、运行方式、有关规章制度并经考试合格的人员担任,有权担任倒闸操作和有权担任监护的人员名单,须经部门负责人批准并书面现场公布。

(6)倒闸操作或某些重大的操作必须由两人执行,一人监护,一人操作。

(7)倒闸操作应严格按照基本步骤进行,详见本项目任务三倒闸操作实例。

(8)下列两种情况可以不用操作票操作,但应做好记录。一是事故或者紧急情况的处理;二是拉合开关的单一操作。

(9)操作票应保存三个月。作废的操作票应注明"作废"字样,已经操作的注明"已操作"字样。

(10)评价与考核。每班应对上一班已执行的操作票进行评价,值班负责人和部门主管每月进行一次评价,计算合格率,并纳入考核。有下列情况之一者为不合格:

①按规定应填写操作票而未填用者(称无票操作);

②操作项目遗漏,操作顺序错误,主设备编号、开关编号、拉、合、投退等重要词句写错者;

③操作任务不明确、安全措施不具体、人员不符合规程的要求、应经审查签名的手续不完全者;

④执行不认真、不按规定程序操作者;

⑤工作票涂改超过三处,致使票面模糊不清者;

⑥已执行的操作票遗失者。

(三)工作许可制度

工作许可人(值班员)负责审查工作票所列安全措施是否正确完备且符合现场条件,在确认安全措施到位后,向工作负责人指明带电设备的具体位置和注意事项,并与工作负责人在工作票上分别签字。上述手续完成后,才允许工作班工作。

工作负责人和工作许可人任何一方不得擅自改变安全措施和工作项目。

(四)工作监护制度

该制度是保护人身安全及操作正确的主要措施。在完成工作许可手续后,工作负责人(监护人)应向工作班人员交代现场安全措施、带电部位和其他注意事项,并监护工作人员的活动范围、工具使用、操作方法正确与否等。

（五）工作间断、转移和终结制度

工作间断（如吃饭、下班等）时，安全措施应保持不动，工作票仍由工作负责人保存；间断后复工无须通过工作许可人的许可。

工作地点如果发生转移，应通过工作许可人的许可，工作负责人（监护人）应向工作班人员重新交代现场安全措施、带电部位和其他注意事项。

全部工作完毕后，工作人员应清理现场、清点工具、检查接线是否正确等，然后会同工作许可人进行检查、核对，确认无误后，在工作票上填明工作终结时间，双方签名后，工作票方告终结。

最后由值班运行人员拆除所有的临时接地线、临时遮拦和标示牌，恢复常设遮拦。在取得值班调度员或值班负责人的许可命令后，方可合闸送电。

【实施与考核】

实施过程：接受任务→学习本任务相关知识→回答考核问题。

考核问题：

（1）安全用电的技术措施是什么？

（2）安全用电的组织措施是什么？

任务三 电气设备的倒闸操作

【必备知识】

倒闸操作，主要是指拉（合）断路器和隔离开关、拉（合）某些直流操作回路、投（切）某些继电保护装置和自动装置等操作。

倒闸操作是一种既重要又复杂的工作。当系统由一种运行方式转换成另一种运行方式，或电气设备由一种状态转换到另一种状态时，需要一系列的倒闸操作才能完成。如果操作错误，可能会导致设备损坏、危及人身安全及造成大面积停电，给国民经济带来巨大损失。例如：由于运行人员在操作前未检查断路器是否在断开位置，造成带负荷拉隔离开关的事故；由于漏拆接地线而造成带接地线合闸事故；由于操作步骤错误，引起部分用户电源中断事故；等等。

为了防止误操作，必须采取相应的技术措施和组织措施。

一、技术措施

技术措施主要是指在断路器和隔离开关之间、线路隔离开关与接地开关之间装设机械（或电气）闭锁装置。前者可使断路器在接通状态时，该线路的隔离开关既拉不开（以防止带负荷拉刀闸)也合不上(以防止带负荷合刀闸);后者可使任一开关在合闸位置时,另一开关就无法操作,既能避免在设备送电或运行时误合接地刀而造成三相接地短路事故,也能避免设备检修时,误合线路隔离开关而突然送电,造成设备和人身事故。

二、组织措施

组织措施主要是指电气运行人员必须树立高度的主人翁责任感和牢固的安全意识,认真执行操作票制度和监护制度等。

运行经验证明,上述技术措施和组织措施如果执行得好,就可以防止误操作事故的发生。

【技术手册】

一、倒闸操作的基本原则和要求

(一)倒闸操作的基本原则

倒闸操作的中心环节和基本原则是不能带负荷拉、合隔离开关。因此,在倒闸操作时,应遵循下列原则。

(1)必须用断路器通、断负荷电流及断开短路电流,严禁用隔离开关通断负荷电流。换句话说,合闸时应先合隔离开关,后合断路器;分闸时应先分断路器,后分隔离开关。

(2)合闸,应从电源侧向负荷侧进行。例如,对图6-1所示的电路,合闸时应先合上母线侧隔离开关 QS_1,后合上负荷侧隔离开关 QS_2,最后合上断路器 QF。

原因:若断路器 QF 在合闸位置未被查出,合闸顺序为 $QS_1 \rightarrow QS_2$,虽然是 QS_2 带负荷合闸,但故障发生在线路上,会造成线路断路器 QF 的继电保护动作而自动跳闸,这样的话,只会停运一条线路;同样,检修损坏的线路隔离开关 QS_2 也只需停运本条线路即可,不会影响母线上其他线路的供电。

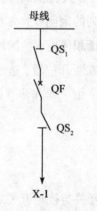

图 6-1　线路接线图

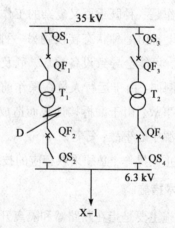

图 6-2　变压器并列运行接线图

若断路器 QF 在合闸位置未被查出，合闸顺序为 QS$_2$→QS$_1$，虽然 QS$_1$ 同样是带负荷合闸，但故障发生在母线上，会造成母线的继电保护动作而自动跳闸，这样的话，母线上的所有线路均将停运；同样，检修损坏的母线隔离开关 QS$_1$ 也必须停运母线，会影响母线上其他线路的正常运行。

同样，对图 6-2 所示的电路，变压器 T$_2$ 正在运行，若将变压器 T$_1$ 也投入运行，合闸顺序应为：QS$_1$→QS$_2$→QF$_1$→QF$_2$。

原因：若 T$_1$ 负荷侧存在短路点 D 未被发现，合闸顺序为：QS$_1$→QS$_2$→QF$_1$→QF$_2$，则 QF$_1$ 会因合闸于短路点而自动跳闸，不会影响 6.3 kV 母线上其他设备的运行。

若 T$_1$ 负荷侧存在短路点 D 未被发现，合闸顺序为：QS$_1$→QS$_2$→QF$_2$→QF$_1$，则 QF$_2$ 合闸于故障点，极有可能会造成 QF$_4$ 自动跳闸，从而造成 6.3 kV 母线上全部负荷停电事故。

（3）分闸，应从负荷侧向电源侧进行。例如，对图 6-1 所示的电路，分闸顺序应为 QF→QS$_2$→QS$_1$。

原因：若断路器 QF 在合闸位置未被查出，分闸顺序为 QS$_2$→QS$_1$，虽然是 QS$_2$ 带负荷分闸，但故障发生在线路上，只会停运本条线路，不会影响母线上其他线路的供电。

若断路器 QF 在合闸位置未被查出，分闸顺序为 QS$_1$→QS$_2$，虽然 QS$_1$ 同样是带负荷分闸，但故障发生在母线上，会造成母线上的所有线路均将停运，扩大了故障范围。

同样，对图 6-2 所示的电路，若两台变压器并列运行，需切除变压器 T$_1$，分闸顺序应为：QF$_2$→QF$_1$→QS$_2$→QS$_1$。

（4）倒母线，隔离开关的操作步骤是"先合后分"。即先逐一合上备用母线上的隔离开关，然后逐一分断运行母线上的隔离开关；或者先合一个备用隔离开关，再分其工作隔离开关，逐组进行。

（5）回路中未设置断路器时，允许用隔离开关进行下列操作：

①分开或合上无故障的母线；

②分开或合上无故障的电压互感器和避雷器；

③分开或合上变压器中性点的接地开关，但当变压器中性点上接有消弧线圈时，只有在系统没有接地故障时才可进行；

④分开或合上励磁电流不超过 2 A 的空载变压器及电流不超过 5 A 的空载线路（10.5 kV 以下）；

⑤分开或合上 10 kV 以下、700 A 以下的环路均衡电流。如图 6-3 所示，变压器 T$_1$ 和 T$_2$ 电源侧同接在 6 kV 母线上，负荷侧同接在 380 V 母线上，分段隔离开关 QS$_5$ 和 QS$_6$ 闭合。当两台变压器暗备用时，欲切除一台变压器，可直接分开 380 V 侧隔离开关 QS$_2$ 或 QS$_4$；当两台变压器明备用时，欲投入另一台变压器，可直接合上 QS$_2$ 或 QS$_4$。

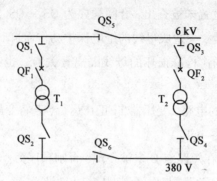

图 6-3 用隔离开关分合环流电路

⑥利用等电位原理,可以分、合无阻抗的并联支路。

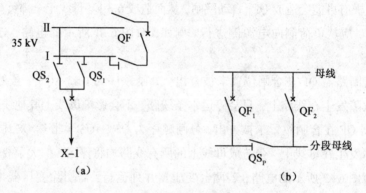

图 6-4 线路操作接线图

如图 6-4(a)所示,线路 X-1 在 I 组母线上运行,母联断路器 QF 在合闸位置。欲将线路 X-1 由 I 组母线切换至 II 组母线上运行时,可先取下直流操作熔断器,再合隔离开关 QS_2,最后拉隔离开关 QS_1,这样就完成了倒母线操作。

如图 6-4(b)所示,母联断路器 QF_1 及 QF_2 在合闸位置时,取下直流操作熔断器,可用分段隔离开关 QSp 接通或断开母线。

可见,只有在断路器处于合闸位置并取下其直流操作熔断器时,才能用隔离开关分、合无阻抗并联支路。否则万一在操作过程中断路器误跳闸,将会使隔离开关两端电压不相等,从而导致带负荷分、合隔离开关的事故。

(二)倒闸操作的基本要求

1. 操作隔离开关的基本要求

(1)合隔离开关必须迅速果断。合闸开始时如产生电弧,应将其迅速合上,不得拉开,否则会使弧光更大,造成设备更大程度的损坏;合到底时,不能用力过猛,以防合闸过位或损坏支持绝缘子。

(2)分隔离开关应缓慢而谨慎。刀片刚离开刀嘴如产生电弧,应立即将其合上,停止操作;在切断小容量变压器空载电流、一定长度的架空线路和电缆线路的充电电流、少量的负荷电流及用隔离开关解环操作时，可能会有电弧产生，此时应迅速将隔离开关断开。

（3）在操作隔离开关后，必须检查隔离开关的实际分、合位置，以防由于操作机构故障，使隔离开关并未在理想位置。

2. 操作断路器的基本要求

（1）在一般情况下，断路器不允许带电手动合闸。这是因为手动合闸慢，易产生电弧，但特殊需要时例外。

（2）遥控操作断路器时，不得用力过猛，以防止损坏控制开关；也不得返回太快，以防止断路器合闸后又跳闸。

（3）在断路器操作后，应检查断路器的实际开、合位置，以防带负荷拉、合隔离开关事故的发生。断路器的实际开、合位置，不能仅以信号灯及测量仪表的指示来判，还应到现场检查断路器的机械位置指示器。

（三）倒闸操作注意事项

（1）倒闸操作前，必须了解系统的运行方式、继电保护及自动装置等情况，并应考虑电源及负荷的合理分布及系统运行方式的调整情况。同时，还应考虑继电保护及自动装置整定值的调整，以适应新的运行方式的需要，防止因继电保护及自动装置误动或拒动而造成事故。

（2）倒闸操作中，应注意分析表针的指示。如在倒母线时，应注意电源功率分布的平衡，并尽量使母联断路器的电流不超过限额，以防止因过负荷而跳闸。

（3）同期并列操作时，应注意非同期并列，若同步表指针在零位晃动、停止或旋转太快，则不得进行并列操作。

（4）在进行电源切换或电源设备倒母线时，必须先将备用电源自动投入装置切除，操作结束后再进行调整。

（5）备用电源自动投入装置、重合闸装置必须在所属主设备停运前退出运行，在所属主设备送电后投入运行。

（6）操作中应用合格的安全工具（如验电笔等），以防止因安全工具耐压不合格而造成人身和设备事故。

（7）送电前，必须收回并检查有关工作票，拆除安全措施（如拉开接地刀或拆除临时短路接地线及警告牌），然后测量绝缘电阻。测量绝缘电阻时，必须隔离电源，进行放电。此外，还应确定隔离开关和断路器应在断开位置。

（8）在下列情况下，应将断路器操作电源切断，即取下直流操作电源的熔断器。

①检修断路器时；

②二次回路及保护装置中有人工作时；

③倒母线过程中分合母线隔离开关、断路器旁路隔离开关及母线分段隔离开关时，

必须取下直流操作熔断器，以防止带负荷拉、合隔离开关；

④继电保护装置故障时，应取下直流操作熔断器，以防止因断路器误合或误跳而造成事故；

⑤油断路器缺油时，应取下直流操作熔断器，以防止发生故障而跳开该断路器时，造成断路器爆炸。

二、倒闸操作实例

电气倒闸操作是经常性的运行工作，电力运行的特殊性决定了倒闸操作必须严格遵守安全规程，用规程规定规范运行人员的行为，以保证倒闸操作的顺利进行。

下面以现场模拟的方式讲述倒闸操作执行程序。

（一）发布及接受操作任务

接受调度命令或与调度联系工作时，要互通单位、职务、姓名，使用设备双重称号及调度术语。

（六分厂变电站电话铃声响起……）

受令人："我是六分厂变电站值长李四。"

发令人："我是中调值班员张三，准备1号主变由运行转检修的操作。"

受令人应立即将命令内容记录在运行工作记录簿中，并根据记录向发令人复诵一次。

受令人："准备1号主变由运行转检修的操作。"

发令人："对。"

值长根据操作任务的要求，指派合格的监护人和操作人。监护人和操作人必须由通过培训、考试合格并经批准的人员担任，监护人的技术等级应高于操作人。

值长在模拟图前根据调度命令向操作人员全面布置操作任务，交代安全注意事项。

（二）填写操作票

操作票由操作人根据操作任务和工作票的要求，结合系统运行方式和设备的运行状态进行填写。在填写操作任务时，应使用设备的双重称号。填票时应使用蓝色或黑色笔，不能使用铅笔或红色笔。票面要整洁，字迹要清晰，不得任意涂改。

值得注意的是，一份操作票只能填写一个操作任务。如当设备检修工作结束恢复送电时，应填写两份操作票：一份是将设备由检修转冷备用；另一份是设备由冷备用转运行。

操作人填完操作票后，自己先审查一遍，然后交监护人审查。复杂操作还应交值长或站长审查。

（三）模拟预演

为了检查操作项目和顺序的正确性，操作人和监护人应在符合现场实际的模拟图板上认真进行模拟预演。预演时监护人持票逐项高声唱票，操作人手指图板上设备高声复诵，同时改变图板上的设备状态。对于图板上无法模拟的步骤，也应按操作顺序进行唱票和复诵，但不下执行令。装拆地线时图板上应有明显标志。

如果预演后马上进行操作，可以不恢复图板上的设备状态；如果预演后不马上进行操作，在预演完毕后，应将图板恢复到预演前的设备状态。

模拟预演正确无误后，监护人在最后一项操作项目下面的空白处加盖"以下空白"章，然后由操作人、监护人分别签名，最后交值长审查签名。签名时同样不能使用铅笔或红色笔。

如果需要与值班调度员核对操作票，应由监护人在操作前完成。如果操作前运行方式发生变化，则应重新填写操作票，原票作废，并按照规定进行模拟预演。对微机闭锁的模拟盘，在预演过程中，如果出现报警，说明操作票有误，应重新填写。

为了保证倒闸操作的顺利进行，应提前进行操作准备工作，检查绝缘手套是否破损和漏气，检查验电器是否良好。对大型操作也可按操作票要求事先将地线等送往指定地点以缩短操作时间。操作准备工作完毕后，主值向值长汇报，值长向调度汇报，然后等待执行操作的命令。

（四）操作命令的发布和接受

操作命令由中心调度室发布，例如：

（六分厂变电站电话铃声再次响起……）

受令人："我是六分厂变电站值长李四。"

发令人："我是中调值班员张三，现在是8:40，命令：1号主变由运行转检修，执行操作。"

值长将操作命令记录在运行工作记录簿中，然后根据记录复诵一次。

受令人："1号主变由运行转检修，执行操作。"

发令人："对，执行操作。"

调度命令分综合命令和单项命令两种。在实际操作中，凡不需要其他厂、站配合进行的操作，可采取综合命令的方式；凡一个操作任务涉及两个及以上厂、站的，应采取命令一项执行一项，立即汇报执行结果后，方能继续下令进行其他项目操作的方式。

将发令时间记录在操作票的"命令操作时间"栏内，并将发令员姓名填在"发令人"处。值长向监护人和操作人传达调度执行操作命令。

（五）进行倒闸操作

倒闸操作必须由两人执行，其中一人监护、一人操作。操作过程中一组操作人员一次只准携带一个操作任务的操作票。进行每项操作前，监护人和操作人根据操作票内容共同核对设备名称、编号和运行状态，核对无误后，监护人按操作项目内容高声唱票，操作人手指被操作设备高声复诵，经再次核对无误、监护人确认正确后下达"对，执行！"的命令，操作人经 3 s 的思考后方可操作。

拉、合开关时，操作人应将开关把手旋至"预分"或"预合"位置，抬头观察表计进行操作，操作完检查良好后，监护人应立即在操作项目左侧打钩，并在第一项的右侧填写操作时间。在整个操作过程中，监护人应始终跟在操作人后面，切实起到监护作用。

进行每项操作时，监护人应站在操作人的后侧面，以监视操作人的动作是否正确。进行任何一项操作时，都要认真履行唱票、复诵及核对工作，当监护人确认正确无误后，方可将闭锁钥匙交给操作人开锁。拉合刀闸时操作人必须戴绝缘手套，操作人员同时注视上方的刀闸有无异常。操作完，监护人和操作人共同检查操作质量，检查无问题后，由操作人加锁。

变电站的解锁钥匙应保存在专用地点。在操作过程中如果发现打不开锁，应检查原因，不准随意使用解锁钥匙解除闭锁装置。如果操作票本身无问题，系统不存在缺陷，应经当值值班负责人检查、确认、批准后方可进行解锁操作，禁止使用解锁钥匙进行多项操作。在整个操作过程中，必须按操作票所列项目顺序依次操作，禁止跳项、倒项、漏项和添项，更不能进行与操作任务无关的工作。

装设接地线或合接地刀闸前，应先进行验电。验电时应使用相应电压等级并且合格的验电器，先在带电设备上检查确认验电器良好，然后在检修设备进出线各侧分别逐项验电。当验明设备确无电压后，应立即将被检修设备三相短路接地，接地端应采用专用线夹固定在专用的接地螺栓上，严禁缠绕。装设接地线时，应先接接地端、后接导体端；拆地线顺序与此相反。对操作的第一项、最后一项和重要操作项目，应在该项右侧操作时间栏内填写实际操作时间。全部操作完毕后，监护人和操作人应再次共同全面检查操作质量，检查时应按操作票项目顺序进行，以防漏项和错项。

（六）汇报、盖章与记录

操作全部结束后，监护人向值长报告全部操作结束，值长应立即向发令人汇报操作时间、终了时间，在操作票上填写汇报时间，在右上角盖"已执行"章，在运行工作记录簿上记录，将操作票按规定保存。

三、典型事故的回忆

倒闸操作过程中的每一步都是互相联系、互相制约的，任何一个环节的疏漏，都有可能造成误操作事故，因此在整个执行过程中，监护人应自始至终对操作人的一切行为进行认真的监护，严格按照倒闸操作的程序和行为标准执行。多年来，由于违反规程规定而造成的误操作事故给人们留下了深刻的教训。

（一）事故教训一

1996 年 7 月 3 日，某变电站进行开关检修。当工作结束恢复送电时，操作人填写了两份操作票，一份是检修转冷备用，另一份是冷备用转运行。在执行操作中，监护人携带两份操作票，操作人员本应进行检修转冷备用的操作，却误用了冷备用转运行的操作票，操作中造成带地线合闸事故。

（二）事故教训二

1991 年 7 月 5 日，某供电局 220 kV 变电站 261 开关停电。调度下令时没使用设备双重称号，变电站值长接令时误听为拉开 201 开关，在复诵时也没有使用设备双重称号，违背了规定。变电站操作人员本应拉开 261 开关，但由于发令和接令不清，误拉了电厂至该站的 201 开关，造成电厂一台 30 万千瓦机组与系统解列。

（三）事故教训三

1979 年 5 月 23 日，某 35 kV 变电站 10 kV 送出线开关停电检修。值班人员在停送电操作时，均未填用操作票，而且由副值单人操作。当检修工作结束恢复送电时，副值认为主值已拆除接地线，在没有进行现场检查的情况下就合闸送电，形成带地线合闸造成母线停电事故。

（四）事故教训四

1990 年 4 月 24 日，某 220 kV 变电站 1 号主变及侧刀闸停电春检。工作完验收时，主值和副值去验收 1511 刀闸，误走到带电的 151 西刀闸处，没有核对设备名称、编号，盲目操作，造成带地线合闸、母线停电事故。

（五）事故教训五

1985 年 3 月 23 日，某变电站 254 开关大修，220 kV 母线由北母倒为南母运行。副值在填写操作票时漏写了"合上 251 南刀闸"和"拉开 251 北刀闸"的操作项目，主值审票时未发现漏项，模拟预演不认真，也没发现操作票的错误就去现场进行操作，操作中当断开 250 开关时，主变失电造成全站停电事故。

（六）事故教训六

1986 年 3 月 26 日，某 220 kV 变电站 1 号主变 110 kV 侧 121 开关电流互感器进行预试。停电操作中当一侧挂好接地线后再挂另一侧接地线时，监护人去送扳手，操作人在无人监护下既不验电也不核对设备编号，误将接地线伸向 121 南刀闸与南母之间的带电引线上，引起母差保护动作，造成南母停电。

（七）事故教训七

1979 年 6 月 23 日，某电厂 110 kV 出线开关和刀闸检修。在操作中，拉开 156 南刀闸后，操作人员没进行质量检查就去进行其他操作，由于 156 南刀闸操作把手的销子没有插牢，销子在刀闸自重和风力的作用下脱出，刀闸突然掉下闭合，造成 110 kV 南母接地短路，出线开关全部跳闸，甩负荷 15 万千瓦，造成大面积停电。

（八）事故教训八

1984 年 6 月 6 日，某 110 kV 变电站停电处理刀闸缺陷。操作人和监护人手持草稿纸写的操作票进行操作时，由于草稿纸上书写不规范而走错间隔，错拉 1502 母联刀闸，造成带负荷断开 110 kV 系统环流，使 1502 刀闸瓷瓶闪络、闸口烧毁，全站停电。

可见，在倒闸操作过程中，误操作造成的事故教训极为深刻。误操作是恶性责任事故，其根本原因是工作人员没有严格执行规程规定，因此加强安全教育，用规程规范操作人员的行为十分重要。

随着微机技术的推广，使用计算机填写操作票也在发展之中，但无论采取什么方法，人员技术素质和安全意识始终是最重要的因素。只有不断提高人员的素质才能防止误操作事故的发生，保证电力系统的安全稳定运行。

【实施与考核】

实施过程：接受任务→学习本任务相关知识→回答考核问题。

考核问题：

(1)在倒闸操作过程中，监护人和操作人谁的技术等级高？

(2)简述倒闸操作的原则。

(3)在倒闸操作过程中，操作隔离开关与断路器的基本要求分别是什么？

(4)简述倒闸操作的执行程序。

实 训　接地电阻的测量

一、实训目的

(1)能够根据要求制作人工接地体。

(2)了解接地电阻测量仪的原理，会用常规方法测量接地电阻。

二、实训设备

(1)电流表、电压表。

(2)功率表。

(3)接地电阻测试仪。

三、实训内容

(1)每个实训人员在室外制作 3~4 个接地体。

(2)用电流表、电压表、功率表(三表法)测量以上接地体的接地电阻。

三表法测量接地电阻电路图如图 6-5 所示，即可由下式求得接地体的接地电阻值。

$$R_K = \frac{U}{I} = \frac{P}{I^2} = \frac{U^2}{P} \qquad (6-1)$$

图 6-5 中，1 为被测接地体，2 为电压极，3 为电流极，用三表法测量以上接地体的接地电阻。

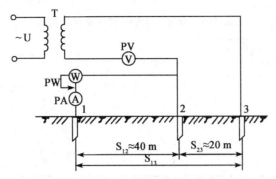

图6-5 三表法测量接地电阻电路图

（3）用接地电阻测试仪测量接地电阻。接地电阻测试仪测量接地电阻的电路图如图6-6所示，电极的布置要求同上。

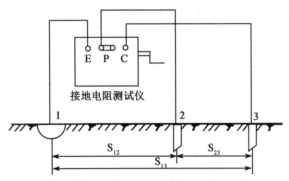

图6-6 接地电阻测试仪测量接地电阻电路图

图6-6中，1为被测接地体，2为电压极，3为电流极。摇测时，先将测试仪的"倍率标尺"开关置于较大倍率档；然后慢慢旋转摇柄，同时调整"测量标度盘"，使指针指零（中线）；接着加快转速达到每分钟约120转，并同时调整"测量标度盘"，使指针指零（中线）。这时"测量标度盘"所指示标度值乘以"倍率标尺"的倍率即所测接地电阻值。

四、实训步骤

（1）人工接地体的制作。

（2）按三表法测试接地体的电路图测试接地体的接地电阻值，并将结果填入表6-2。

表6-2 三表法测量接地电阻

测量次数	电压表/V	电流表/A	功率表/W	接地电阻/Ω

（3）用接地电阻测试仪测试接地体的接地电阻值，并将结果填入表6-3。

表 6-3　接地电阻测试仪测量接地电阻

测量次数	电压表/V	电流表/A	功率表/W	接地电阻/Ω

五、思考题

(1)接地电阻实测结果大小是多少？是否满足一般建筑物的接地电阻规程要求？

(2)为满足接地电阻要求，可采取什么改善措施？

第三部分

提高篇

项目七　工厂供配电系统电气设计实例

【项目描述】

在工厂供配电系统的电气设计过程中，设计者需要根据各个车间的负荷数量和性质、生产工艺对负荷的要求及负荷布局，并结合工厂实际供电情况，充分保证对各车间安全、可靠、经济、技术的分配电能。工厂供配电系统的良好设计是一个工厂开展各项活动的前提和保障，关乎着工厂自身的经济效益。因此，对从事工厂供配电工作的人员来说，了解工厂供配电系统设计的相关知识，对充分保障工厂内各用电设备和电力系统的正常运行具有十分重要的意义。

【任务实施】

一、设计要求

(1)根据工厂能取得的电源及用电负荷的实际情况，并适当考虑工厂的发展，按照安全可靠、技术先进、经济合理的要求，通过比较确定变电所的位置和形式。

(2)确定变电所主变压器的台数、容量、类型。

(3)选择变电所主接线方案。

(4)选择高低压设备和进出线。

(5)选择继电保护装置并整定。

(6)确定防雷和接地方案。

二、设计基础资料

(一)全厂生活区用电情况

1. 负荷类型

依据各厂房工艺设计要求，除锅炉房为二级负荷外，其余全厂设备均为三级负荷。

2. 负荷大小

按需要系数法计算出各厂房及全厂计算负荷如表7-1。

表 7-1　全厂负荷计算表

编号	名称	P_{30}/kW	Q_{30}/kvar	S_{30}/kV·A	I_{30}/A
1	第一车间	450	285	532.66	809.51
2	锅炉房	200	200	282.84	429.84
3	第二车间	350	160	384.84	584.86
4	第三车间	175	13	175.48	266.68
5	户外照明	35	30	46.10	70.06
6	库房	15	0	15	22.80
7	职工宿舍楼	247.84	0	247.84	376.66
合计		1472.84	688	1684.76	2560.41

（二）电源情况

1. 工作电源

在电源的南侧 1000 m 处，有一座 10 kV 的配电所，其出口断路器是 SN10-10 Ⅱ 型，断路器容量为 500 MV·A。

2. 备用电源

为满足厂内二级负荷的要求，可采用长度为 20 km 的架空线路取得备用电源。

（三）功率因数

根据供电公司对功率因数的要求，本厂最大负荷时功率因数不低于 0.9。

（四）电费计算

本厂与当地供电部门达成协议，在本厂变电所高压侧计量电能，设专用计量柜，按两部电费制交纳电费。每月基本电费按主变压器容量计为 18 元/千伏·安，电费为 0.5 元/千瓦·时。此外，电力用户需按新装变压器容量计算，一次性地向供电部门交纳供电补贴费 800 元/千伏·安。

（五）其他资料

（1）全厂总平面图。

（2）变电所平面布置图。

（3）主变压器剖面图。

（4）职工宿舍楼照明系统图。

（5）气象及地址水文资料图。

三、厂区变电所的电气设计

（一）无功功率补偿

根据该厂基础资料可计算出该厂用电设备的功率因数，计算过程如下：

$$P_{30} = K_p \sum P_{30.i}$$

$$Q_{30} = K_q \sum Q_{30.i}$$

确定变电所低压母线上的计算负荷，应结合该厂区情况，其有功负荷和无功负荷分别计入一个同时系数 K_p，K_q。

若由用电设备计算负荷直接相加来计算时，则取 $K_p=0.80\sim0.90$，$K_q=0.85\sim0.95$；若由车间干线计算负荷直接相加来计算时，则取 $K_p=0.90\sim0.95$，$K_q=0.93\sim0.97$。这里由用电设备计算负荷直接相加来计算：

$$P'_{30}=K_p(P_{30.1}+P_{30.2}+P_{30.3}+P_{30.4}+P_{30.5}+P_{30.6}+P_{30.7})$$
$$=0.85\times(450+200+350+175+35+15+247.84)$$
$$=1252(kW)$$
$$Q_{30}=K_q(Q_{30.1}+Q_{30.2}+Q_{30.3}+Q_{30.4}+Q_{30.5}+Q_{30.6}+Q_{30.7})$$
$$=0.95\times(285+200+160+13+30+0+0)$$
$$=653.6(kvar)$$
$$S_{30}=\sqrt{P_{30}^2+Q_{30}^2}=\sqrt{1252^2+653.6^2}=1412.34(kV\cdot A)$$

功率因数为：

$$\cos\varphi=\frac{P_{30}}{S_{30}}=\frac{1252}{1412.34}=0.89$$

按规定，变电所低压侧的 $\cos\varphi\geq0.9$，而目前为 0.89，因此，需进行无功功率的补偿。

提高功率因数的方法分为改善自然功率因数和安装人工补偿装置两种。安装人工补偿装置的方法既简单又快，因此，这里采用在低压母线装设电容的方法来提高功率因数。考虑到变压器无功功率补偿损耗远大于有功功率损耗。一般 $\Delta Q_T=(4\sim5)\Delta P_T$，因此在低压补偿时，低压侧补偿的功率因数略高于 0.9，这里取 $\cos\varphi'_{(2)}=0.92$。而补偿前低压侧的功率因数为 0.89，由此可得低压侧电容的无功负荷为：

$$Q_c=P_{30}(\tan\varphi-\tan\varphi')$$
$$=1252\times[\tan(\arccos0.89)-\tan(\arccos0.92)]$$
$$=108.1(kvar)$$

取 $Q_C=110$ kvar，补偿后变电所低压侧的视在计算负荷为：

$$S'_{30(2)}=\sqrt{P_{30}^2+(Q_{30}-Q_C)^2}=\sqrt{1252^2+(653.6-110)^2}=1364.92(kV\cdot A)$$

主变压器的功率损耗为：

$$\Delta P'_T\approx0.01S'_{30(2)}=0.01\times1364.92=13.65(kW)$$

变压器高压侧的计算负荷为：

$$\Delta Q'_T\approx0.05S'_{30(2)}=0.05\times1364.92=68.25(kvar)$$

有功计算负荷为：

$$P'_{30(1)}=1252+13.65=1265.65(kW)$$

无功计算负荷为：

$$Q'_{30(1)} = 653.6 - 110 + 68.25 = 611.85 (\text{kvar})$$

视在计算负荷为：

$$S'_{30(1)} = \sqrt{1265.65^2 + 611.85^2} = 1405.78 (\text{kV} \cdot \text{A})$$

补偿后的功率因数为：

$$\cos\varphi'_{(1)} = \frac{P'_{30(1)}}{S'_{30(1)}} = \frac{1265.65}{1405.78} = 0.90$$

这一功率因数满足规定要求。由此可以看出，采用无功补偿来提高功率因数能使本工程取得可观的经济效果。

（二）变电所主变压器容量的选择与台数的确定

变电所的主变压器的选择要同时考虑两个方面——容量的选择和台数的确定。

1. 主变压器容量选择

方案一：装一台主变压器的变电所。

设主变压器额定容量 $S_{\text{N.T}}$ 应满足全部用电设备总计算负荷 S_{30} 的需要，即

$$S_{\text{N.T}} \geqslant S_{30}$$

选择一台主变压器时：

$$S_{\text{N.T}} \geqslant S_{30} = 1412.34 (\text{kV} \cdot \text{A})$$

考虑今后 5~10 年的负荷发展，留 20%裕量，得

$$S_{\text{N.T}} \geqslant 1412.34 \times (1 + 20\%) = 1694.81 (\text{kV} \cdot \text{A})$$

根据以上计算结果，本变电所可选用容量为 2000 kV·A 的变压器。故可选择 S9–2000/10 型主变压器。

方案二：装两台主变压器的变电所。

每台主变压器的额定容量 $S_{\text{N.T}}$ 应同时满足以下两个条件。

（1）任一台变压器单独运行时，应满足总计算负荷 S_{30} 的 60%~70%的需要，即

$$S_{\text{N.T}} \geqslant (0.6 \sim 0.7) S_{30}$$

（2）任一台变压器单独运行时，应满足全部一、二级负荷的需要，即

$$S_{\text{N.T}} \geqslant S_{30(\text{I}+\text{II})}$$

选择两台变压器时：

$$S_{\text{N.T}} \geqslant (0.6 \sim 0.7) S_{30}$$
$$= (0.6 \sim 0.7) \times 1412.34$$
$$= 847.4 \sim 988.64 (\text{kV} \cdot \text{A})$$
$$S_{\text{N.T}} \geqslant S_{30(\text{I}+\text{II})} = 282.84 (\text{kV} \cdot \text{A})$$

所以，也可以选择两台 S9–1000/10 型低损耗变压器，厂区二级负荷所需的备用电源，由邻近单位相连的高压联络线来承担。

2. 主变压器台数的确定

确定主变压器台数时有如下原则。

(1)应满足用电负荷对供电可靠性的要求。对供有大量一、二级负荷的变电所，应采用两台变压器，以便一台变压器发生故障或检修时，另一台变压器能继续供电。对只有二级负荷的变电所，也可只装设一台变压器，但必须在低压侧敷设与其他变电所相连的备用电源。

(2)季节性负荷或昼夜负荷变动较大而宜于采用经济运行的变电所，也可考虑采用两台变压器。

(3)除以上两种情况外，一般车间变电所宜装设一台变压器。

(4)选择主变压器台数时，还应考虑负荷的发展，留有一定的余地。

因此，根据全厂的用电负荷情况，可以选一台主变或两台主变。

一般小型变电所可以采用一台变压器。但是负荷集中且容量较大的变电所，虽为三级负荷，也可采用两台或两台以上变压器。另外，在确定变电所主变压器台数时，应适当考虑负荷的发展，留有一定的余地。

本厂虽然有部分二级负荷，但大部分为三级负荷，要求供电性能可靠的同时拥有备用电源，根据上述原则至少应设一台或一台以上变压器。综合以上原则，在本厂资金较充足的情况下，同时考虑到本厂今后的发展空间，最终确定选用两台 S9-1000/10 变压器作为主变。

(三)总降压变电所的电气设计

1. 变电所的位置选择

变(配)电所是全厂区供电系统的枢纽，在全厂占有特殊而重要的地位。由于该厂区较大负荷集中在一车间与职工宿舍楼，考虑到变电所应进出线方便、尽量接近负荷中心，以及周边环境情况等因素，最终确定将变电所设为独立式变电所，位置设在库房旁边，如图 7-1。

2. 变电所主接线选择

变(配)电所主接线的基本要求为：安全、可靠、灵活、经济。在满足以上要求的前提下，要尽量使主接线简单、投资小、运行费用低，并节约电能和有色金属的消耗量。

一般变电所可采用两种主接线方案。

方案一：单母线接线。该方案经济实惠，接线简单清晰，设备少，操作方便，便于扩建和采用成套配电装置。其单母线接线方式配电价格也比较低，适用于三级负荷。但其供电可靠性不高，不够灵活可靠，任一元件故障或检修，均需使整个配电装置停电。

方案二：单母线分段接线。该主接线方案适用于一路电源供电一路备用且装有两台(或多台)主变压器或者有多路高压出线的变电所。另外，当一段母线发生故障，分段断路器自动将故障段切除，保证正常段母线不间断供电。其调度灵活，灵敏度高，扩建方便。

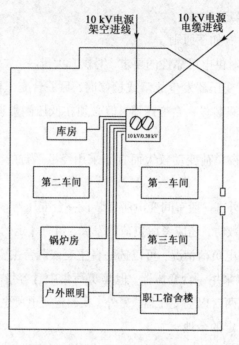

图7-1 厂区供电平面图

综上所述，从技术方面来讲，方案二的供电可靠性和运行灵活性都比较高，在高低压母线侧发生短路时，仅故障母线段停止工作，非故障段仍可继续运行，可缩小母线故障时停电范围，同时对重要用户可从不同母线分段引出双回路供电，供电可靠性及运行灵活性相当高；从经济方面来讲，虽然该方案的初投资比较高，但从年运行费用(包括设备折旧费、设备维护费和年电能损耗费)考虑，该方案又有许多优越之处。结合本厂负荷等级、规模及今后的发展前景，在满足其多方面考虑的前提下，本变电所选择方案二，即高低压侧均为单母线分段的变电所主接线方案，如图7-2所示。

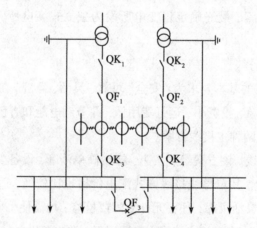

图7-2 变电所单母线分段主接线图

本变电所主接线采用了高压断路器，因此变电所的停、送电操作十分灵活方便，同时高压断路器都配有继电保护装置，在变电所发生短路和过负荷时均能自动跳闸，而且在短路故障和过负荷情况消除后,又可直接迅速合闸,从而使恢复供电的时间大大缩短。如果使用配电自动重合闸装置,则供电可靠性可更进一步提高。

依据以上设计要求,厂区总变电所高低压主接线图如图7-3所示。

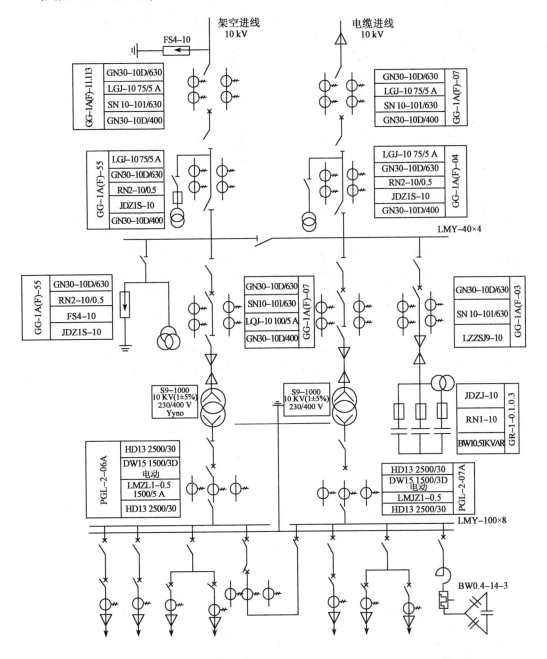

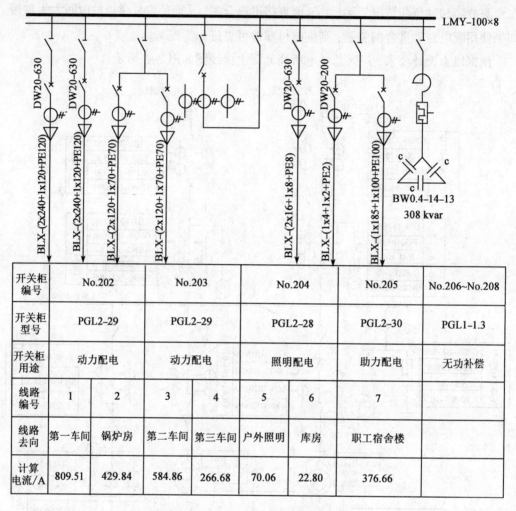

开关柜编号	No.202		No.203		No.204		No.205	No.206~No.208
开关柜型号	PGL2-29		PGL2-29		PGL2-28		PGL2-30	PGL1-1.3
开关柜用途	动力配电		动力配电		照明配电		助力配电	无功补偿
线路编号	1	2	3	4	5	6	7	
线路去向	第一车间	锅炉房	第二车间	第三车间	户外照明	库房	职工宿舍楼	
计算电流/A	809.51	429.84	584.86	266.68	70.06	22.80	376.66	

图 7-3　厂区总降压变电所主接线图

（四）短路电流计算

1. 绘制短路电流计算电路图

绘制的短路电流计算电路如图 7-4 所示。

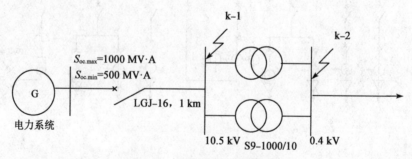

图 7-4　短路电流计算电路图

2. 确定基准值

设 $S_d = 100$ MV·A，高压侧 $U_{c1} = 10.5$ kV，低压侧 $U_{c2} = 0.4$ kV，则

$$I_{d1} = \frac{S_d}{\sqrt{3}\,U_{c1}} = \frac{100 \text{ MV·A}}{\sqrt{3} \times 10.5 \text{ kV}} = 5.5 (\text{kA})$$

$$I_{d2} = \frac{S_d}{\sqrt{3}\,U_{c2}} = \frac{100 \text{ MV·A}}{\sqrt{3} \times 0.4 \text{ kV}} = 144.3 (\text{kA})$$

3. 计算短路电路中各元件的电抗标幺值

(1) 电力系统。当 $S_{oc.max} = 1000$ MV·A 时，$X_{1.max}^* = \dfrac{100}{1000} = 0.1$；当 $S_{oc.min} = 500$ MV·A

时，$X_{1.min}^* = \dfrac{100}{500} = 0.2$。

(2) 架空线路。设 $x_0 = 0.35$ Ω/km，则：

$$X_2^* = 0.35 \times \frac{100}{10.5^2} = 0.32$$

(3) 电力变压器。查表得 $U_k\% = 4.5$，则：

$$X_3^* = \frac{U_k\% S_d}{100\,S_N} = \frac{4.5 \times 100 \times 1000}{100 \times 1000} = 4.5$$

据此绘制等效电路，如图 7-5 所示。

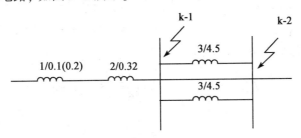

图 7-5 短路计算电流等效电路图

(4) 计算 k-1 点 (10.5 kV 侧) 的短路电路总电抗及三相短路电流和短路容量。

① 总电抗标幺值。

当系统最大运行方式时，总电抗标幺值

$$S_{oc.max} = 1000 \text{ MV·A}, \quad X_{\Sigma(k-1).max}^* = X_{1.max}^* + X_2^* = 0.1 + 0.32 = 0.42$$

当系统最小方式运行时，总电抗标幺值

$$S_{oc.min} = 500 \text{ MV·A}, \quad X_{\Sigma(k-1).min}^* = X_{1.min}^* + X_2^* = 0.2 + 0.32 = 0.52$$

② 三相短路电流周期分量有效值。

系统最大运行方式时，三相短路电流周期分量有效值为：

$$I_{k-2.max}^{(3)} = \frac{I_{d1}}{X_{\Sigma(k-1).max}^*} = \frac{5.5}{0.42} = 13.10 (\text{kA})$$

系统最小运行方式时，三相短路电流周期分量有效值为：

$$I_{k-1.min}^{(3)} = \frac{I_{d1}}{X_{\Sigma(k-1).min}^*} = \frac{5.5}{0.52} = 10.58(kA)$$

③其他短路电流。

$$I''^{(3)}_{max} = I_{\infty.max}^{(3)} = I_{k-1.max}^{(3)} = 13.10(kA)$$

$$I''^{(3)}_{min} = I_{\infty.min}^{(3)} = I_{k-1.min}^{(3)} = 10.58(kA)$$

$$i_{sh.max}^{(3)} = 2.55I''^{(3)}_{max} = 2.55 \times 13.10 = 33.405(kA)$$

$$i_{sh.min}^{(3)} = 2.55I''^{(3)}_{min} = 2.55 \times 10.58 = 26.97(kA)$$

$$I_{sh.max}^{(3)} = 1.51I''^{(3)}_{max} = 1.51 \times 13.10 = 19.78(kA)$$

$$I_{sh.min}^{(3)} = 1.51I''^{(3)}_{min} = 1.51 \times 10.58 = 15.98(kA)$$

④三相短路容量。

$$S_{k-1.max}^{(3)} = \frac{S_d}{X_{\Sigma(k-1).max}^*} = \frac{100}{0.42} = 238.10(MV \cdot A)$$

$$S_{k-1.min}^{(3)} = \frac{S_d}{X_{\Sigma(k-1).min}^*} = \frac{100}{0.52} = 192.31(MV \cdot A)$$

(5)计算 k-2 点(0.4 kV 侧)的短路电路总电抗及三相短路电流和短路容量。

①总电抗标幺值。

$$X_{\Sigma(k-2).max}^* = X_{1.max}^* + X_2^* + X_3^* // X_3^* = 0.1 + 0.32 + 2.25 = 2.67$$

$$X_{\Sigma(k-2).min}^* = X_{1.min}^* + X_2^* + X_3^* // X_3^* = 0.2 + 0.32 + 2.25 = 2.77$$

②三相短路电流周期分量有效值。

$$I_{k-2.max}^{(3)} = \frac{I_{d2}}{X_{\Sigma(k-2).max}^*} = \frac{144.3}{2.67} = 54.04(kA)$$

$$I_{k-2.min}^{(3)} = \frac{I_{d2}}{X_{\Sigma(k-2).min}^*} = \frac{144.3}{2.77} = 52.09(kA)$$

③其他短路电流。

$$I''^{(3)}_{max} = I_{\infty.max}^{(3)} = I_{k-2.max}^{(3)} = 54.04(kA)$$

$$I''^{(3)}_{min} = I_{\infty.min}^{(3)} = I_{k-2.min}^{(3)} = 52.09(kA)$$

$$i_{sh.max}^{(3)} = 1.84I''^{(3)}_{max} = 1.84 \times 54.04 = 99.43(kA)$$

$$i_{sh.min}^{(3)} = 1.84I''^{(3)}_{min} = 1.84 \times 52.09 = 95.85(kA)$$

$$I_{sh.max}^{(3)} = 1.09I''^{(3)}_{max} = 1.09 \times 54.04 = 58.90(kA)$$

$$I_{sh.min}^{(3)} = 1.09I''^{(3)}_{min} = 1.09 \times 52.09 = 56.78(kA)$$

④三相短路容量。

$$S_{k-2.max}^{(3)} = \frac{S_d}{X_{\Sigma(k-2).max}^*} = \frac{100}{2.67} = 37.45(MV \cdot A)$$

$$S_{k-2.min}^{(3)} = \frac{S_d}{X_{\Sigma(k-2).min}^*} = \frac{100}{2.77} = 36.10(MV \cdot A)$$

以上计算结果综合后如表 7-2 所示。

表 7-2　短路电流计算结果

短路计算点	运行方式	三相短路电流/kA					三相短路容量/MV·A
		$I_k^{(3)}$	$I^{*(3)}$	$I_\infty^{(3)}$	$i_{sh}^{(3)}$	$I_{sh}^{(3)}$	$S_k^{(3)}$
k-1	最大	13.10	13.10	13.10	33.405	19.78	238.10
	最小	10.58	10.58	10.58	26.97	15.98	192.31
k-2	最大	54.04	54.04	54.04	99.43	58.90	37.45
	最小	52.09	52.09	52.09	95.85	56.78	36.10

(五)高低压电气设备的选择与校验

通过以上短路电流计算可知,满足要求的高低压侧设备选择校验结果如表 7-3 和表 7-4。

表 7-3　10 kV 侧设备的选择校验

选择校验项目		额定电压/kV	额定电流/A	断流能力/kA	断流容量/MV·A	短路冲击电流(动稳定电流峰值)/kA	热稳定电流
装置地点条件	参数	U_N	I_N	$I_k^{(3)}$	—	$i_{sh}^{(3)}$	$I_\infty^{(3)2} \cdot t_{ima}$
	数据	10	57.74	13.10	—	33.405	$13.10^2 \times 1.5 = 257.415$
高压侧设备型号规格	额定参数	U_N	I_N	I_{oc}	S_{oc}	i_{max}	$I_t^2 \cdot t$
	高压少油断路器 SN10-10I/630	10	630	16	300	40	$16^2 \times 4 = 1024$
	高压隔离开关 GN30-10D/630	10	630	14	—	25.5	$14^2 \times 5 = 980$
	高压隔离开关 GN30-10D/400	10	400	14	—	25	$14^2 \times 5 = 980$
	电压互感器 JDZ18-10	10/0.1	—	—	—	—	—
	电压互感器 JDZJ-10	$\frac{10}{\sqrt{3}}/\frac{0.1}{\sqrt{3}}/\frac{0.1}{\sqrt{3}}$	—	—	—	—	—

表 7-3(续)

选择校验项目	额定电压	额定电流	断流能力	断流容量	短路冲击电流/动稳定电流峰值	热稳定电流
电流互感器 LZZBJ9-10	10	150/5	—	—	46.7	27.13
避雷针 FS4-10	10	—	—	—	—	—

表 7-4　380 V 侧设备选择与校验

	选择校验项目	额定电压 /V	额定电流 /A	断流能力/kA	动态定度/kA	热稳定度 /kA
装置地点条件	参数	U_N	I_N	$I_k^{(3)}$	$i_{sh}^{(3)}$	$I_\infty^{(3)2} \cdot t_{ima}$
	数据	380	1519.76	54.04	99.43	$54.04^2 \times 1.5 = 4380.48$
低压侧设备型号规格	额定参数	$U_{N \cdot e}$	I_N	I_{oc}	i_{max}	$I_t^2 \cdot t$
	低压断路器 DW15-1500/3D	380	1500	40	—	—
	低压断路器 DW20-630	380	630	30	—	—
	低压断路器 DW20-200	380	200	25	—	—
	电流互感器 LMZJ1-0.5	500	1500/5	—	—	—
	电流互感器 LMZJ1-0.5	500	100/5 160/5	—	—	—

(六)变电所线路的选择计算

变电所进出线的选择是一次设备选择的重点之一，根据电压等级不同，10 kV 及其以下的线路可以按发热条件来选择。由于该变电所高压侧进线已定，故仅对高、低压母线及从低压母线到各用电区干线的出线做出选择与校验，选择基准温度为 25 ℃。

1. 高压母线的选择与校验

$$I_{30} = \frac{S_{30}}{\sqrt{3}\,U_N} = \frac{1412.34}{\sqrt{3} \times 10} = 81.54 (\text{A})$$

考虑到要过载 5%，故取 85.62 A。

按发热条件选择母线：

$$I_{al} = 0.95 \times 480 = 456 > 85.62 (\text{A})$$

故可选择 LMY-40×4 的硬铝母线单根平放，满足动稳定度及热稳定度的要求。

2. 低压母线的选择与校验

$$I_{30} = \frac{S_{30}}{\sqrt{3}\,U_N} = \frac{1412.34}{\sqrt{3}\times0.38} = 2146.41\,(A)$$

考虑5%的过载，故取 2253.73 A。

按发热条件选择母线：

$$I_{al} = 0.92\times1625 = 1495 < 2253.73\,(A)$$

故可选择 LMY-100×8 的硬铝母线两根平放，满足动稳定度及热稳定度的要求。

3. 低压进出线选择与校验

第一车间导线选择与校验：

$$P_{30} = 450\,(kW)\,,\ Q_{30} = 285\,(kvar)$$

$$S_{30} = \sqrt{P_{30}^2 + Q_{30}^2} = \sqrt{450^2 + 285^2} = 532.66\,(kV\cdot A)$$

线路的计算电流为：

$$I_{30} = \frac{S_{30}}{\sqrt{3}\,U_N} = \frac{532.66}{\sqrt{3}\times0.38} = 809.51\,(A)$$

考虑5%的过载，故 $I_{30} = 849.99$ A

按发热条件选择导线，由于从低压母线到每个用电区的导线均采用 BLX 明敷，故根据附表可知：

$$I_{al} = 510 < I_{30} = 849.99\,(A)$$

可采用两根母线平分负荷，即选择 BLX-(2×240+1×120+PE120)。

其他导线电缆选择计算方法类似，这里不再赘述，所有导线电缆选择型号如表7-5所列。

表7-5 变电所导线电缆型号选择表

线路名称		导线或电缆的型号规格
10 kV 电源进线		LGJ-10 钢芯铝绞线(三相三线架空)
高压单母线		LMY-40×4
低压单母线		LMY-100×8
380 V 低压出线	至第一车间	BLX-(2×240+1×120+PE120)
	至锅炉房	BLX-(1×240+1×120+PE120)
	至第二车间	BLX-(2×120+1×70+PE70)
	至第三车间	BLX-(1×120+1×70+PE70)
	至户外照明	BLX-(2×16+1×8+PE8)
	至库房	BLX-(1×4+1×2+PE2)
保护	至职工宿舍楼	BLX-(1×185+1 ×100+PE100)

（七）变电所继电保护装置整定

该变电所保护装置主要包括：主变压器继电保护装置、10 kV 母线保护装置、备用电源保护装置、低压侧保护装置等。这里以主变压器继电保护为例实现其整定过程。

该变电所设有两种主变压器继电保护方式：一种为装设定时限过电流保护继电器，采用 DL-11 型继电器；另一种为装设电流速断保护继电器，采用 GL-15 型感应式过电流继电器，采取去分流跳闸的操作方式。

主变压器继电保护原理如图 7-6 所示。

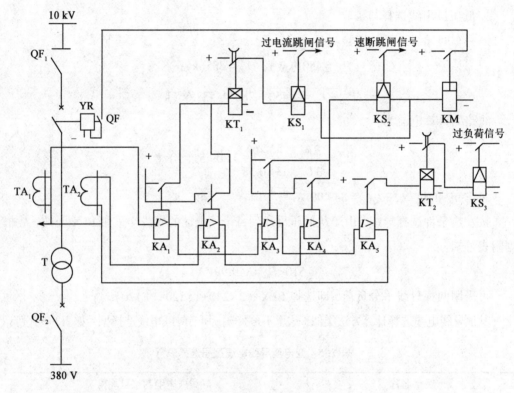

图 7-6 主变压器继电保护电路图

对两种继电保护的整定过程如下所述。

1. 定时限过电流保护整定

主变压器定时限过流保护整定过程如下：

$$I_{op} = \frac{K_{co}K_W}{K_{re}K_{TA}} \cdot I_{L.max}$$

其中，$I_{L \cdot max} = \frac{2S_N}{\sqrt{3}\,U_N} = 2 \times 1000/\sqrt{3} \times 10 = 115.47\,(\text{A})$。

可靠系数 $K_{co} = 1.3$，接线系数 $K_W = 1$，返回系数 $K_{re} = 0.8$，一次侧电流互感器变比 $K_{TA} = 150/5 = 30$，所以 $I_{op} = \frac{1.3 \times 1}{0.8 \times 30} \times 115.47 = 6.25\,(\text{A})$，故整定为 10 A（$I_{OP}$ 只能取整数且不

能大于 10 A)。

因该变电所为电力系统的终端变电所，故其过电流保护的动作时间可整定为 $t = 1.5\ \text{s}$。

过电流保护灵敏系数应满足条件：

$$S_\text{P} = \frac{K_\text{W}}{K_\text{TA} I_\text{op}} I_\text{k·min}^{(2)}$$

其中，$I_\text{k·min}^{(2)} = 0.866 \times 52.09 \times 1000 \times \frac{0.38}{10} = 1714.18\ (\text{A})$，则 $S_\text{p} = \frac{1714.18}{300} = 5.71 > 1.5$，满足灵敏系数的要求。

2. 电流速断保护

若利用 GL-15 的速断装置作为电流速断保护，整定过程如下所述。

速断保护装置的速断电流为：

$$I_\text{qb} = \frac{K_\text{co} K_\text{W}}{K_\text{TA}} I_\text{k·max}^{(3)}$$

其中，$I_\text{k·max}^{(3)} = I_\text{k-2.max}^{(3)} \frac{U_\text{2N}}{U_\text{1N}} = 54.04 \times \frac{0.38}{10} = 2.05\ (\text{kA})$，$K_\text{co} = 1.4$，$K_\text{W} = 1$。

电流互感器变比：

$$K_\text{TA} = \frac{150}{5} = 30$$

$$I_\text{qb} = \frac{K_\text{co} K_\text{W}}{K_\text{TA}} I_\text{K·max}^{(3)} = \frac{1.4 \times 1}{30} \times 2050 = 95.67\ (\text{A})$$

速断电流倍数整定为：

$$K_\text{qb} = \frac{I_\text{qb}}{I_\text{op}} = \frac{95.67}{10} = 9.567$$

故近似取为 10。

电流速断保护灵敏系数，按变压器一次侧在系统最小运行方式时的短路电流 $I_\text{k-1.min}^{(3)}$ 计。

$$S_\text{P} = 0.866 \frac{K_\text{W}}{K_\text{TA} I_\text{qb}} I_\text{k-1.min}^{(3)}$$

根据计算结果可知 $I_\text{k-1·min}^{(3)} = 10.58\ \text{kA}$，$I_\text{qb} = 95.67\ \text{A}$，因此其保护灵敏系数为：

$$S_\text{p} = 0.866 \times \frac{10^3}{30 \times 95.67} \times 10.58 = 3.68 > 1.5$$

故符合灵敏系数要求。

(八) 变电所防雷与接地

为了使电气设备的运行安全有效，防止由于直接雷击导致雷电过电压引起的危害，该厂变电所设置避雷针，且在变压器的高压侧设置独立避雷针。避雷针采用直径 20 mm 的镀锌圆钢，长约 2 m。独立避雷针的接地装置与变电所公共接地装置有 3 m 以上的距离。

在 10 kV 高压配电室内的开关柜上配有 FS4-10 型避雷器，靠近主变压器。主变压器主要靠此避雷器来保护，预防雷电波侵入的危害；在 380 V 低压架空线出线杆上，装设保护间隙，或将其绝缘子的铁脚接地，用以防护沿低压架空线侵入的雷电波。

接地装置的设计采用长 2.5 m、直径 50 mm 的钢管 16 根，沿变电所三面均匀布置，管距 5 m，垂直打入地下，管顶离地面 0.6 m。管间用直径 40 mm 的镀锌圆钢焊接相连。此变电所的公共接地装置的接地电阻经计算为 $R_E \leqslant 4\ \Omega$，满足要求（计算过程从略）。

参考文献

[1]　李友文.工厂供电技术[M].3 版.北京：化学工业出版社，2012.

[2]　刘介才.工厂供电[M].北京：机械工业出版社，2009.

[3]　国家电网公司.国家电网公司电力安全工作规程：变电站和发电厂电气部分（试行）
[M].北京：中国电力出版社，2005.

[4]　中国航空规划设计研究总院有限公司.工业与民用供配电设计手册[M].4 版.北京：
中国电力出版社，2016.